山水园林

动态家园环境养生

景观图解

SHANSHUI YUANLIN

DONGTAI JIAYUAN HUANJING YANGSHENG JINGGUAN TUJIE

陈祺 任得元 蔺林田 等编著

U0264509

化学工业出版社

·北京·

本书从全国各地自然风景中精选代表性80例山水园林，分为仁者山石、智者水系、义者生物、礼者园林建筑和勇者世外桃源五部分，以大量的彩色图片从不同角度赏析，简述自然山水风景园林独有的艺术魅力。图书既注重山水艺术景观，也注意业态经营；既以生态保护为主，也适当进行开发建设之旅游；既以山水风景为主线，也少量兼顾古镇乡村。让读者在不同风格的对比中，更加热爱大自然的山水、森林和花草，并以"仁、智、义、礼、勇"的智慧流连品味山水园林带给人们的优美、纯粹的动态环境。

　　本书可供园林、旅游、艺术、景观等专业人士阅读与参考，也适合高等学校相关专业师生参阅，还适合与其相关的广大文化爱好者和休闲养生者参阅。

图书在版编目（CIP）数据

山水园林·动态家园环境养生景观图解／陈祺，任得元，蔺林田等编著 . —北京：化学工业出版社，2016.4

ISBN 978-7-122-26300-1

Ⅰ．①山… Ⅱ．①陈… ②任… ③蔺… Ⅲ．①景观-园林设计-图解 Ⅳ．① TU986.2-64

中国版本图书馆CIP数据核字（2016）第 028955 号

责任编辑：刘兴春	文字编辑：李曦
责任校对：宋玮	装帧设计：溢思视觉设计

出版发行：化学工业出版社（北京市东城区青年湖南街13号　邮政编码100011）
印　　装：北京方嘉彩色印刷有限责任公司
787mm×1092mm　1/16　印张18　字数459千字　2016年8月北京第1版第1次印刷

购书咨询：010-64518888（传真：010-64519686）　售后服务：010-64518899
网　　址：http://www.cip.com.cn
凡购买本书，如有缺损质量问题，本社销售中心负责调换。

定　　价：98.00元

前　言

　　山水园林一开始大多建在城镇近郊，随着游人增多逐渐偏远，到达远郊的山野风景地带。规模较小的山水园林利用天然山水的精彩局部作为建园基址，规模大的则把天然山水骨架完整围合起来作为建园的基址，然后再配以花木栽植、建筑营造和道路系统，因势利导地将基址的原始地貌做适当的调整、改造和加工，形成一处富有自然气息的山水风景园林。山水园林建设关键在于选择基址，如果选址恰当，则能以少量的花费而获得远胜于人工山水园的天然风景之真趣。

　　我国山河壮丽、地域广阔、地形复杂、气候多样、历史悠久，风景资源极其丰富，成为中华大地珍贵的自然和历史遗产。根据风景区的内容和特征，可分为山岳风景名胜区（如五岳、佛教四大名山）、河湖水系风景名胜区（如杭州西湖、太湖风景区）、海滨风景名胜区、森林草原风景名胜区、文物古迹风景名胜区，以及其他有特色的风景名胜等；其中以山岳和河湖风景区最多，占全国传统风景名胜区的绝大部分。

　　山水园林具有独特的三大魅力。

　　（1）各具特色的自然景观　风景名胜往往由于构成因素（山石、水体、动植物、地理位置、气候条件等）和地质、地理演变过程的不同，形成特色独具的自然景观，根据中国传统的山水审美观，人们把富有美感的景观概括为雄、奇、险、秀、幽、旷等美的形象特征。"泰山天下雄"，"黄山天下奇"，"华山天下险"，"峨眉天下秀"，"青城天下幽"，"洞庭天下旷"，再加上变化的日之阴晴、月之盈亏、风起云涌、朝雾暮霭等融合在一起，形成动静结合、虚实相济、变化多样的迷人景致。园林艺术家在这些自然山水、天象物候的风景基础上，加以艺术的整饬改造，为人们提供赏景的便利条件，使景色既富有山林野趣，又有匠意的艺术构思。

　　（2）深厚丰富的文化积淀　风景名胜具有较强的历史延续性，它的形成常常经过数百年甚至上千年的改造、经营和积累，经过好几代名人贤达和文人墨客的关心和参与，留下了丰富的人文景观，如摩崖石刻、古代建筑、石碑古木、宗教遗迹和历史人物活动遗迹等，积淀着深厚的文化意味。首先，风景名胜常与历史名人联系在一起，如李白之于宣州（安徽宣城县）敬亭山，白居易、苏轼之于杭州西湖等。其次，风景名胜的景区或景点题名也常常反映了深厚的文化内涵，既是文人墨客宴集吟咏之处，也受到地方官员及社会贤达的重视，为了使美景代代相传，以"八景""十景"作为形象概括。从风景欣赏来看，这类题名巧妙地指出了风景的精华，又富有诗意，有利于游赏者把握主要的风景特点，培养赏景情感和领悟迷人意境。

（3）自然地理的典型性　　许多风景名胜是地球发展史上具有代表性的遗迹，因而极具观赏价值，也可以作为科普教育的例证。桂林山水、云南石林是闻名世界的典型的岩溶地貌；武夷山风景区是发育典型的"丹霞地形"；黄山、华山是著名的峰林状高山花岗岩地貌；生长着 5000 多种植物的峨眉山，是具有重要科研价值的植物王国等。

　　人们深入大自然的深处，经历了从人定胜天到天人合一、人神与共，再到敬畏自然三个不同阶段，每个人的知识、经历和观念不同，对待大自然的态度自然也就不同。但是，不管如何，保护大自然的呼声越来越强烈，在保护的基础上进行开发建设，在开发建设中更好地保护生态环境。

　　本书从全国各地自然风景中精选代表性 80 例山水园林，分为仁者山石、智者水系、义者生物、礼者园林建筑和勇者世外桃源五部分，以大量的彩色照片从不同角度赏析，简述自然山水风景园林独有的艺术魅力。图书内既注重山水艺术景观，也注意业态经营；既以生态保护为主，也适当进行开发建设之旅游；既以山水风景为主线，也少量兼顾古镇乡村。让读者在不同风格的对比中，更加热爱大自然的山水、森林和花草，并以"仁、智、义、礼、勇"的智慧流连品味山水园林带给人们的优美、纯粹的动态环境。

　　本书由杨凌职业技术学院生态环境工程分院园林实训指导教师陈祺高级工程师策划，并和杨凌职业技术学院任得元高级工程师、蔺林田工程师、董育公高级经济师共同编著，西安建筑科技大学杨强旭、扶风县召公镇召光小学陈佳等参与了部分资料收集与整理工作，在此，深表谢忱。

　　在本书编著过程中，参考了大量的相关的著作、文献、图片和网络资料，除参考文献注明者外，如有遗漏，敬请谅解。在此，谨向各位专家学者、工程技术人员表示衷心感谢。

　　由于时间仓促和编著者的水平有限，书中疏漏和不足之处在所难免，恳请各位专家教授和广大读者提出宝贵批评指正意见，以便修订时改正。

编著者
2016 年 2 月

目　录

第一章　仁者山石景观图解 ·················· 1

第一节　自然置石景观图解 ·················· 1

一、湖北十堰丹江口水库石阵景观图解 ·················· 1

二、黑龙江五大连池黑龙山石海与龙门石寨景观图解 ·········· 3

三、陕西西安翠花山山崩石海景观图解 ·················· 7

四、云南石林风景区景观图解 ·················· 12

五、广东莲花山石塘景观图解 ·················· 12

第二节　山体景观图解 ·················· 15

一、新疆克拉玛依市魔鬼城雅丹地貌（陡峭山丘）景观图解 ······ 15

二、河南登封市嵩山三皇寨景观图解 ·················· 17

三、山东泰山红门游览线景观图解 ·················· 21

四、新疆吐鲁番火焰山景观图解 ·················· 28

五、陕西耀州药王山景观图解 ·················· 31

第三节　山体洞穴景观图解 ·················· 35

一、黑龙江牡丹江镜泊湖火山口雄狮岩洞景观图解 ·········· 35

二、浙江遂昌金矿国家矿山公园景观图解 ················ 38

三、黑龙江五大连池火山熔岩冰洞水晶宫景观图解 ·········· 42

四、河南洛阳龙门石窟景观图解 ·················· 44

五、陕西秦岭溶洞景观图解 ·················· 48

第二章　智者水系景观图解 ·················· 52

第一节　泉溪湾滩带状水景观图解 ·················· 52

一、黑龙江五大连池北药泉景观图解 ·················· 52

二、甘肃兰州五泉山五泉景观图解 ·················· 55

三、陕西西安翠华山翳芳湲溪涧景观图解 ················ 58

四、新疆布尔津县喀纳斯三湾景观图解 ················· 61

五、新疆布尔津县五彩滩景观图解 ·················· 63

第二节　湖岛池潭面状水景观图解 ·················· 66

一、青海湖（鸟岛）景观图解 ·················· 66

二、宁夏平罗沙湖景观图解 ································ 68

三、吉林长白山天池景观图解 ···························· 71

四、台湾地区日月潭景观图解 ···························· 73

五、新疆布尔津喀纳斯湖景观图解 ······················ 77

六、浙江绍兴兰亭水系景观图解 ························ 80

七、台湾地区桃园慈湖风景区景观图解 ·················· 84

第三节　瀑布动态水景景观图解 ························· 87

一、陕西凤县嘉陵江源头第一瀑布景观图解 ············· 87

二、吉林长白山聚龙泉与长白瀑布景观图解 ············· 90

三、陕西宜川黄河瀑布景观图解 ························ 92

四、黑龙江镜泊湖吊水楼瀑布景观图解 ·················· 94

五、新疆东小天池（飞龙潭）景观图解 ·················· 98

第三章　义者生物景观图解 ·····················**101**

第一节　大规模纯林景观图解 ························· 101

一、陕西黄陵桥山古柏景观图解 ························ 101

二、新疆阜康市天蓬树窝子白榆景观图解 ··············· 105

三、北京香山知松园景观图解 ·························· 107

四、新疆克拉玛依乌尔禾区原始胡杨林 ·················· 110

五、海南三亚西岛椰林风光景观图解 ··················· 115

第二节　特色植物景观图解 ··························· 118

一、内蒙古武川县希拉穆仁草原旅游风光图解 ··········· 118

二、新疆吐鲁番葡萄沟景观图解 ························ 121

三、泰国芭提雅热带水果园景观图解 ··················· 124

四、河北承德避暑山庄万树园景观图解 ················· 127

五、马来西亚云顶热带植物群落景观图解 ··············· 129

第三节　鸟与兽动物景观图解 ························· 133

一、湖南长沙岳麓山鸟语林景观图解 ··················· 133

二、广东广州白云山鸣春谷景观图解 ··················· 135

三、四川成都大熊猫繁育研究基地景观图解 ············· 138

四、黑龙江哈尔滨东北虎林园景观图解 ················· 140

五、陕西西安秦岭野生动物园景观图解 ················· 143

第四章　礼者园林建筑景观图解 ·················147

第一节　依山园林建筑景观图解 ················· 147

一、河南嵩山少林寺塔林景观图解 ················· 147

二、湖南长沙岳麓山观光长廊景观图解 ················· 150

三、河北承德避暑山庄山岳区宫墙二马道景观图解 ········· 152

四、湖北武当山依山建筑景观图解 ················· 155

五、四川青城山建筑景观图解 ················· 160

六、山东泰山岱顶建筑景观 ················· 163

第二节　滨水园林建筑景观图解 ················· 168

一、湖南洞庭湖岳阳楼景观图解 ················· 168

二、海南三亚市亚龙湾与大东海渔村度假别墅景观图解 ······ 171

三、厦门菽庄花园四十四桥景观图解 ················· 175

四、台湾地区高雄市莲池潭水中园林建筑景观图解 ········· 177

五、厦门集美闽台岛景观图解 ················· 181

第三节　背山面水园林建筑景观图解 ················· 184

一、陕西桥山黄帝陵轩辕庙景观图解 ················· 184

二、新疆天山天池祖庙与仙居建筑景观图解 ············· 189

三、武汉东湖磨山楚城及其标志建筑景观图解 ··········· 194

四、黑龙江牡丹江镜泊湖山庄别墅景观图解 ············· 198

五、河南洛阳龙门香山寺与蒋宋别墅景观图解 ··········· 204

第五章　勇者世外桃源景观图解 ·················208

第一节　特色风情古镇景观图解 ················· 208

一、江苏省吴江市同里古镇水乡景观图解 ················· 208

二、四川崇州市街子古镇景观图解 ················· 211

三、新疆布尔津县布尔津镇俄罗斯风情景观图解 ··········· 216

四、四川汶川水磨古镇（羌城）景观图解 ················· 219

五、陕西长安五台古镇民俗景观图解 …………………………… 223

六、黑龙江太阳岛俄罗斯风情小镇景观图解 ……………………… 226

七、陕西咸阳武功古镇农耕景观图解 ……………………………… 230

第二节　特色村落景观图解 ……………………………………… 236

一、陕西咸阳市礼泉县袁家村景观图解 …………………………… 236

二、新疆哈巴河县白哈巴村景观图解 ……………………………… 240

三、湖南常德市桃源县秦人村（桃花源）景观图解 ……………… 243

四、新疆布尔津县禾木村景观图解 ………………………………… 247

五、汶川映秀镇中滩堡村震后新居景观图解 ……………………… 252

第三节　庄园与大院景观图解 …………………………………… 255

一、陕西旬邑县唐家民居景观图解 ………………………………… 255

二、四川大邑县刘氏庄园景观图解 ………………………………… 260

三、山西灵石县王家大院景观图解 ………………………………… 265

四、陕西秦岭北麓现代山庄别墅景观图解 ………………………… 270

五、台湾地区金门岛水头古厝景观图解 …………………………… 274

参考文献 ………………………………………………………… 280

第一章
仁者山石景观图解

■ 第一节　自然置石景观图解

一、湖北十堰丹江口水库石阵景观图解

　　丹江是长江流域水系主要支流之一，是南水北调中线工程供水的源头。十堰丹江口水库地处汉江、丹江汇合处，为我国第二大的水库。库区深处水天一色，一眼难以望到边，当地人称之为"小太平洋"；在东北面，烟浓缥缈，千帆展翅，百轮游弋，水鸟翱翔，鱼腾虾跃。青山港一带则是天光、水光、山影、云影、帆影组成一幅幅绚丽图画（见图1-1～图1-7）。船到龙山便见文笔塔矗立，为均州八景之一的"龙山烟雨"。水库对面有沧浪亭遗址，库水下落时露出"孺子歌处""沧浪适情"等摩崖石刻，岩洞佛像等古迹。旧志载这里既是孔子听到孺子唱"沧浪之歌"的地方，又是屈原遇到渔夫的地方。古往今来，诸多文人墨客为之题诗作赋，让游人心神向往。

■ 图1-1　石阵景观

■ 图1-2 水边石阵

■ 图1-3 草地石阵

■ 图1-4 圆润石阵

■ 图1-5 尖锐石阵

■ 图1-6　石阵局部景观（蚌壳）

■ 图1-7　石阵局部景观（从土中长出）

二、黑龙江五大连池黑龙山石海与龙门石寨景观图解

1.黑龙山石海景观

　　黑龙山是五大连池十四座火山中锥体高度名列第二的火山，因山林多由黑色浮石组成而得名，最引人注目的是直径为350m，深141m，呈大漏斗状的火山口。这里火山地貌完整，景观奇特，被地质学家誉为不可多得的火山地质陈列馆。它主要由"石海""水帘洞""仙水宫""火山森林""火山口"等景点组成。从黑龙山上登高览胜，一座座火山锥和五池晶莹的碧水尽收眼底（见图1-8~图1-16）。老黑山东侧，是一片举世罕见的黑色的火山熔岩奇观——"石海"。石海是火山爆发时岩浆喷涌漫流，冷凝后形成的。"海面"上矗立着数以百计、千姿百态的"石塔"和石龙、石牛、石海龟等。尤其以石龙景象举世罕见，地貌复杂多变，形态生动奇特。

■ 图1-8　一望无际的石海

■ 图1-9　石海栈道

■ 图1-10　观景台

■ 图1-11　石海局部景观

■ 图1-12　翻花熔岩前缘陡坎

■ 图1-13　石海中的"绿色"

■ 图1-14　山石蕊

■ 图1-15　题刻及水帘洞

■ 图1-16　火烧遗迹

2.龙门石寨景观

见图1-17~图1-23。

龙门石寨位于五大连池世界地质公园的东部，在龙门山西部的山腰平台区形成的一片盾形熔岩台地上，分布着一片片面积大小不等的巨石群，外形如古寨护城石一样的高垒。龙门石寨分为大小龙门石寨两片，达二十多平方千米。如果站在视角开阔石台上，向上看龙门石寨：在左上方的墨绿色的通天道上，巨石如江似河，浩浩荡荡顺坡而下，上连天穹白云，下接无尽石海，好像天河巨石飞泻，气势磅礴，景象万千，真有摧枯拉朽之势。向下细看这些巨石，一些表面还保留着绳状流动构造，后经几十万年的风化侵蚀，又被地衣苔藓所覆盖，就形成了这种奇妙景象。

■ 图1-17　龙门石寨

■ 图1-18　石寨堡垒

■ 图1-19　随形就势的栈道

■ 图1-20　石塘画卷

■图1-21 观景台

■图1-22 贺寿松、连体三姐妹、生生不息

三、陕西西安翠花山山崩石海景观图解

翠花山位于西安城南25km，相传泾阳翠花姑娘在此成仙，因而得名。

翠花山山崩地貌类型之全，结构之典型，保存之完整，规模之巨大，素有"中国山崩奇观""地质地貌博物馆"之美称（图1-23）。大块砾石以山体崩裂处向下，堆积成巨大的崩积体。有一块巨砾的长、宽、高分别达60m、40m、30m。这些山崩砾石沿沟谷堆积，形成大面积的砾石斜坡。一坡巨石前挤后拥，似有翻滚奔腾之势；从高处俯视，砾石奇形怪状，或立或卧，或直或斜，千姿百态，嶙峋峥嵘，甚为壮观。

■图1-23 翠花山——中国山崩奇观

1.山崩石海

见图1-24~图1-26。

■图1-24　石林、石海标志

■图1-25　石林、石海景观

■图1-26　绿色石海

2.观景台

见图1-27~图1-29。

■图1-27　山顶观景台

■ 图1-28 山腰观景亭

■ 图1-29 山麓观景台

3. 景石题刻

见图1-30~图1-35。

■ 图1-30 二字题刻 　　　　　■ 图1-31 四字题刻

■ 图1-32 诗词题刻

■ 图1-33 悬崖题刻

■ 图1-34 巨石题刻

■ 图1-35 滚石题刻

4.象形景石

见图1-36~图1-38。

■ 图1-36　巨舰起航、母子情深

■ 图1-37　太乙观星、鱼拜太乙

■ 图1-38　吻之峡、巨蚌含珠

四、云南石林风景区景观图解

　　云南石林风景区（石林地质公园）位于云南省石林彝族自治县境内，是我国著名的旅游胜地，是一个由形态各异的石灰岩岩溶地貌组成的风景区以其分布地域广、面积大、岩柱雄伟高大而成为世界各国石林之冠，被人们赞誉为"天下第一奇观"。大约在2亿多年以前，这里是一片汪洋大海，沉积了许多厚厚的大石灰岩。经过了后来的地壳构造运动，岩石露出了地面。约在200万年以前，由于石灰岩的溶解作用，石柱彼此分离，又经过常年的风雨剥蚀，形成了今天这种千姿百态的石林。奇峰怪石、平地挺起，有的矗立如林、有的峻拔如墙，有的石峰高达三四十米、也有的只有几米。天晴时，石峰呈灰白色，下雨时则变为赫黑色。置身石林，不仅可以得到自然美的享受，还可以了解当地的风土人情。如图1-39~1-41所示。

■图1-39　桥下石（引景）

■图1-40　莲花池曲桥、凉亭　　　　　　　　■图1-41　阿诗玛

五、广东莲花山石塘景观图解

　　莲花山坐落于广东省广州市番禺区东部，因山上的莲花石而得名，有莲花胜境之美誉。以"人工无意夺天工"的石景奇观闻名于世，是国内仅见的"人工丹霞"奇迹。主峰海拔105m，由40个小山冈组成，山上的古采石场遗址奇峰异洞林立，悬崖峭壁嵯峨，形成莲花岩、象鼻山、神镜、天池、云梯、莲花洞天、溅玉、观音岩、飞鹰岩等胜境。莲花山是目前所知有年代可考开采时间最早、规模最大的一处，是人工与自然共同创造的奇观。

1.石塘景观

见图1-42、图1-43。

■ 图1-42　石塘上部景观

■ 图1-43　石塘下部

2.观景设施

见图1-44～图1-49。

■ 图1-44　莲花轩

■ 图1-45　水榭

■ 图1-46 观景台，观景亭廊

■ 图1-47 汀步、曲桥

■ 图1-48 莲花汀步、莲花仙子雕塑

(a)　　　　　　　　　　　　　　　(b)

■图1-49　拱桥、水车与涌泉，南天门

第二节　山体景观图解

一、新疆克拉玛依市魔鬼城雅丹地貌（陡峭山丘）景观图解

　　从克拉玛依市北行100km，在乌尔禾乡东南3km，有一处独特的风蚀地貌，人们习惯称它为"魔鬼城"。干旱多风地区历经亿万年的风侵雨蚀、水刷日照，这里形成了与风向平行、相间排列的高大土墩。土墩间的风蚀凹地，若八川分流，蜿蜒于荒漠。土墩有方形、圆形不等，多有窍孔，高十几米，最高的约30m。土墩勾连者，宛如城墙中的碉堡，墚壁洞穴，又恰似一个个佛龛，形态各异。圆之大者，若宫墙合围；圆之中者，像是粮仓座座；更有亭台楼阁之形，庙宇浮屠之状。千座土墩，千万形态；百个土墚，百种风姿，让人目不暇接，任人想象驰骋。土墩之顶，有似人面，有像猿立；更有风雕之鹰隼，雨凿之熊罴。往观时，视角选准则形神兼备，视角错位则影像它移，如魔变其形，似鬼隐其身。见图1-50~图1-56。

(a)　　　　　　　　　　　　　　　(b)

■图1-50　入口标志景观

(a)　　　　　　　　　　　　　　　(b)

■图1-51　车行游览

■ 图1-52　雅丹地貌景观

（a）　（b）

■ 图1-53　金字塔

（a）　（b）

■ 图1-54　卧象、蛙阵

■ 图1-55　群英会

（a）　（b）

■ 图1-56　母子龟、层层高

二、河南登封市嵩山三皇寨景观图解

三皇寨是一处悬挂于少室山腰的自然景区,自然环境、地质地貌独具一格。以峰奇、路险、石怪、景秀著称天下。明代大旅行家徐霞客有诗云:"嵩山天下奥,少室险奇特,不到三皇寨,不算少林客。"主要人文景观有莲花寺、清微宫、安阳宫、三皇寺、盘古洞、玉皇庙等。自然景观有好汉坡、龙脊峡、老虎石、骆驼石、象门关、吊桥、三仙石、千佛迎宾、悬空栈道等几十处。三皇寨林木茂盛,品类繁多;地质类型齐全,岩龄古老,构型奇特,发育完整,裸露良好,在有限的范围内能看到太古、远古、古生、中生、新生五个地质年代的多种地貌,被地质称为"天然地质博物馆"。见图1-57~图1-70。

■图1-57 索道上山

(a) (b)

■图1-58 玉寨山

(a) (b)

■图1-59 书册崖景观

■ 图1-60　连天峡谷

■ 图1-61　一线天

■ 图1-62　仙人洞

■ 图1-63　悬天洞

■ 图1-64　悬空栈道

■ 图1-65　山腰栈道

■ 图1-66 蹬道

■ 图1-67 连天吊桥

■ 图1-68 石门

(a)

(b)

■ 图1-69　寺庙入口

(a)

(b)

■ 图1-70　依山寺庙

三、山东泰山红门游览线景观图解

东岳泰山，是"五岳"之首，主峰：海拔1545米，是中国最美的、令人震撼的十大名山之一。泰山位于山东省中部隶属泰安市管辖，其自然景观雄伟高大，有数千年文化的渲染以及人文景观的烘托。千百年来，先后有十二位皇帝来泰山封禅。孔子留下了"登泰山而小天下"的赞叹，杜甫则留下了"会当凌绝顶，一览众山小"的千古绝唱。红门路是一条徒步登山线路，沿途古迹众多，共计有古寺庙8处，碑碣192块，摩崖刻石366处，6000多级石阶，传统文化韵味浓郁。从对松山谷底至南天门的一般山路叫"十八盘"。全程1633级台阶，前393级称慢十八盘；中767级为不紧不慢十八盘；后473级为紧十八盘。当地有"紧十八，慢十八，不紧不慢又十八"的顺口溜。三个十八盘，不足1km，垂直高度却有400多米。到达山顶后，有白云为你擦汗，山风为你清心。天地之悠悠，峰峰之空翠，会使你疲劳顿失，至情不自禁吟诵起李白的千古名句："天门一长啸，万里清风来"。

1.渐入佳境景观

见图1-71~图1-77。

■ 图1-71　一天门、天阶牌坊

■ 图1-72　红门、万仙楼

■ 图1-73　渐入佳境石刻、卧龙槐

■ 图1-74　斗母宫

■图1-75 经石峪、水帘洞

■图1-76 柏洞、四槐树

■图1-77 壶天阁、回马岭

2.山高水长景观

见图1-78~图1-80。

■图1-78 山高水长石刻、中天门

■ 图1-79　迎天牌坊、斩云剑

■ 图1-80　天空泉瀑

3.渐远红尘景观

见图1-81~图1-87。

■ 图1-81　云步桥、飞来石

■ 图1-82　五大夫松

■ 图1-83 对松山牌坊、万丈碑

■ 图1-84 对松山景观

■ 图1-85 石刻景观

■ 图1-86 主题石刻

■图1-87　松风泉韵

4.十八盘景观

见图1-88~图1-93。

（a）　　　　（b）

■图1-88　十八盘标志

■图1-89　十八盘景观

■ 图1-90　龙门牌坊、题刻

■ 图1-91　升仙坊

■ 图1-92　主题石刻

■ 图1-93　南天门

四、新疆吐鲁番火焰山景观图解

　　火焰山位于新疆吐鲁番盆地中部，是一座由西向东横贯盆地的克孜勒格塔山，由红色砂岩组成，形似一条赤色巨龙卧于大戈壁之上，好像一堆熊熊大火在燃烧，是世界上最热的地区之一。最高峰位于胜金口附近，海拔851m。山体雄浑曲折，主要受古代水流的冲刷，山坡上布满道道冲沟。山上寸草不生，基岩裸露，且常受风化沙层覆盖。盛夏，在灼热阳光照射下，红色山岩热浪滚滚，绛红色烟云蒸腾缭绕，热气流不断上升，红色砂岩熠熠发光，恰似团团烈焰在燃烧，故名火焰山。见图1-94~图1-106。

■图1-94　入门景观

■图1-95　火焰山远观

■图1-96　三借芭蕉扇雕塑

（a）

（b）

■图1-97　图腾柱、西游文化长廊

■ 图1-98 炼丹炉、温度计

■ 图1-99 铁扇公主、牛魔王雕塑

■ 图1-100 煽火童子雕塑

■ 图1-101 火焰山近景

（a）　　　　　　　　　　　　　　　　（b）

■图1-102　峡谷景观

（a）　　　　　　　　　　　　　　　　（b）

■图1-103　难得的绿色、千佛洞

（a）　　　　　　　　　　　　　　　　（b）

■图1-104　芭蕉洞、西游记雕塑

（a）　　　　　　　　　　　　　　　　（b）

■图1-105　凉亭、佛塔

（a）　　　　　　　　　　　　　　　　（b）

■图1-106　雕塑景观

五、陕西耀州药王山景观图解

　　耀州药王山，位于耀州城东1.5km处，是唐代医学家孙思邈后期隐居研医著书之地，因民间尊奉孙思邈为"药王"而得名。药王山本名五台山，由瑞应、起云、升仙、显化、齐天五座峰峦联聚而成，山峦顶平如台，形如五指，是从孙思邈的家乡宝鉴山蜿蜒至此。后人为纪念医学大师孙思邈，在此修庙、建殿、塑像、立碑，药王山成为著名的医宗圣地。远远眺望，绿树丛中，殿宇环山依岩而建，气势壮观迷人，也是佛教活动的丛林。

1.北洞景观

　　见图1-107~图1-115。

■图1-107　药王山北洞远景

■图1-108　入口牌坊、蹬道

■图1-109　北洞入口景观

■ 图1-110 显灵台、虎蟠龙居

■ 图1-111 药王大殿

■ 图1-112 药王洗药池、医方碑

■ 图1-113 福寿山（天宝塔）

■ 图1-114　药王养生文化展

■ 图1-115　吕祖道院、戏台

2.南庵景观

见图1-116~图1-123。

■ 图1-116　药王山南庵远景、蹬山、入口景观

■ 图1-117　本草图台阶

■ 图1-118　南庵入口景观

■ 图1-119　药用植物标本展

■ 图1-120　文昌阁

■ 图1-121　药王台

■ 图1-122　祭祀广场、孙思邈雕像

■ 图1-123　隐居地

第三节　山体洞穴景观图解

一、黑龙江牡丹江镜泊湖火山口雄狮岩洞景观图解

牡丹江镜泊湖火山口原始森林，位于镜泊湖西北约50km处，坐落在张广才岭东南坡的深山内，海拔1000m左右。当游人攀登张广才岭东南坡，沿着山路上行，登上火山顶时，眼前会突然出现一些硕大的火山口。据科学家考察得知，这些火山口由东北向西南分布，在长40km、宽5km的狭长形地带上，共有10个。它们的直径400~550m，深100~200m；其中3号火山口（即雄狮岩洞）最大，直径达550m，深达200m。游人站在火山口顶向下一望，只见陡峭的内壁上林木郁郁葱葱，青翠欲滴，这便是举世闻名的地下森林。现在，游人不仅可以站在火山口顶，俯视地下森林奇观，还可以踩着峭壁间的人造石阶进入地下森林，亲身体验一下它的飘渺神奇。

1.坐井（景）观天景观

见图1-124~图1-127。

■ 图1-124　观景台

■ 图1-125　观景台上的景廊、凉亭

■ 图1-126　冰洞

■ 图1-127　坐景观天

2.雄狮岩洞景观

见图1-128~图1-134。

■ 图1-128　旋梯

■图1-129　升官发财台阶蹬道

■图1-130　悬羊壁、九虎石

■图1-131　雄狮岩洞上行景观、下行景观

■图1-132　木构台阶

(a)　　　　　　　　　　(b)

■ 图1-133　迎客椴

(a)

(b)

■ 图1-134　雄狮岩洞标志景观、木构观景台

二、浙江遂昌金矿国家矿山公园景观图解

遂昌金矿国家矿山公园，位于浙江省丽水市遂昌县东北部，已开发黄金青年公寓、黄金博物馆、黄金商业街、金池淘金体验区、黄金冶炼观光区、上元茶楼（金都桃花源）、银坑山水库、瑶池仙境、叠翠农家、金艺科普游、金龙穿山游、金窟探险游等旅游项目及景点。该景区的唐代、宋代金窟是目前国内发现的开采规模最大、遗迹保存最完好的。唐代金窟里气象万千，硐中有硐，硐硐相连，犹如扑朔迷离的地下迷宫。明代金窟位于金窟的最底部，距地表老硐口垂直高度有148m。1977年，遂昌金矿500中段探矿巷与老硐底部贯通，老明代金窟入口硐重见光明。

1.唐代金窟景观

见图1-135~图1-142。

■ 图1-135　金窟标志景观

■ 图1-136　原木入口景观

■ 图1-137　平坑

■ 图1-138　景墙

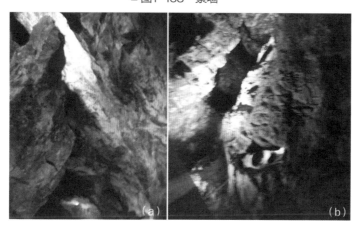

■ 图1-139　矿坑

■ 图1-140　现场讲解演示

■ 图1-141　台阶蹬道

■ 图1-142　出口、金池

2.明代金窟景观

见图1-143~图1-149。

■ 图1-143　塑山入口、木门

■ 图1-144　实物展示

■ 图1-145　主题雕塑

■ 图1-146　多级坑道、开采演示

■ 图1-147　景窗展示

(a)　　　　　　　　　　　　　　　　　　(b)

■ 图1-148　坐小火车参观

(a)　　　　　　　　　　　　　　　　　　(b)

■ 图1-149　小火车月台

三、黑龙江五大连池火山熔岩冰洞水晶宫景观图解

　　五大连池的洞穴既不在山上、也不在山腰，而是在几十米的地下。其与众不同的不是在于溶洞大小和奇妙的钟乳石，而在于它有难得的冰、霜，常年恒温不变。火山熔岩冰洞是五大连池火山微地貌的一大奇观，这里常年平均气温为 - 5℃左右，即使在炎炎盛夏，这些晶莹剔透的五彩冰雕依然绽放出它绚丽的姿彩。

1.冰洞水晶宫景观

　　见图1-150~图1-154。

(a)　　　　　　　　　　　　　　　　　　(b)

■ 图1-150　冰洞入口景观

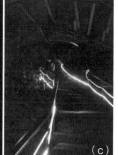

(a)　　　　　　　　　(b)　　　　　　　　(c)

■ 图1-151　冰洞通道、下沉台阶

■图1-152　水晶宫入口景观

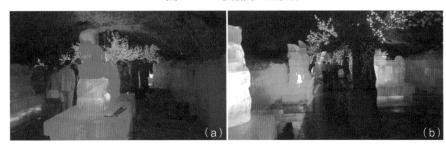

■图1-153　水晶宫通道

■图1-154　水晶宫冰雕

2.水晶宫局部景观

见图 1-155~ 图 1-157。

■图1-155　火山神兽

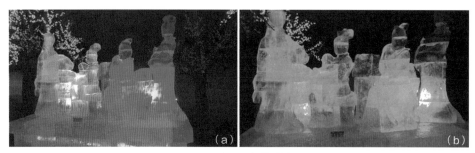

■ 图1-156　双色莲池仙子

■ 图1-157　三色圣水女神

四、河南洛阳龙门石窟景观图解

　　龙门石窟位于洛阳市城南6km，这里香山和龙门山两山对峙，伊河水从中穿流而过。龙门自古为险要关隘，交通要冲，向为兵家必争之地。因山清水秀，环境清幽，气候宜人，被列入洛阳八大景之冠。唐代大诗人白居易曾说："洛都四郊，山水之胜，龙门首焉"。此处素为文人墨客观游胜地；又因石质优良，宜于雕刻，故而古人择此而建石窟。龙门石窟开凿于魏孝文帝迁都洛阳之际（公元493年），之后历经东魏、西魏、北齐、隋、唐、五代、宋等朝代400余年的营造，其中北魏和唐代大规模营建有140多年，从而形成了南北长1km、具有2300余座窟龛、10万余尊造像、2800余块碑刻题记的石窟遗存。在龙门的所有洞窟中，北魏洞窟约占30%，唐代洞窟占60%，其他朝代仅占10%。龙门石窟中最大的佛像卢舍那大佛，通高17.14m，头高4m，耳长1.9m；最小的佛像在莲花洞中，每个只有2cm，称为微雕。它们既是古代书法艺术珍品，又是研究石窟开凿史、石窟艺术发展史的珍贵资料。

1.西山石窟景观

　　见图1-158~图1-167。

■ 图1-158　西山石窟景观

■ 图1-159　错落石窟景观

■ 图1-160　莲花顶

■ 图1-161　佛塔、凉亭

■ 图1-162　卢舍那佛窟

■ 图1-163　夜游龙门演艺、莲花观景台

■ 图1-164　三组台阶

■ 图1-165　单行台阶

■ 图1-166　随形就势的栈道

■ 图1-167 悬空栈道

2.东山石窟景观

见图1-168~图1-171。

■ 图1-168 东山石窟景观

■ 图1-169 绿色东山石窟

■ 图1-170 佛像石刻

■图1-171 台阶蹬道

五、陕西秦岭溶洞景观图解

1.蓝田王顺山凌云洞景观图解

王顺山位于秦岭北麓蓝田县境内,因孝子王顺每天担土上山埋葬其母,后修炼成仙而得名。凌云洞处在唐代大诗画家王维隐居的辋川照壁的山腰,比河床高400多米,因为发现较晚,人们叫它"锡水新洞"。此洞长500多米,洞内有洞,洞上叠洞,洞壁有窟,窟中有景。洞内钟乳石琳琅满目,在霓虹灯光衬映下,绚丽多姿,蔚为壮观,见图1-172~图1-179。

■图1-172 入口景观

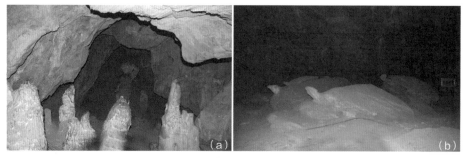

■图1-173 淋浴仙女、群龟朝圣

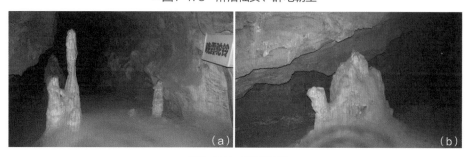

■图1-174 晚霞驼铃

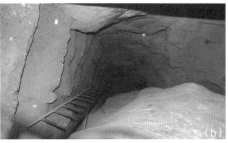

■图1-175　下天井

■图1-176　女娲补天

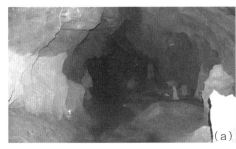

■图1-177　奇异的钟乳石

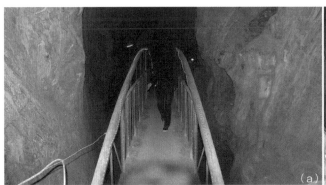

■图1-178　天桥

■图1-179　群仙会、飞云石

2.长安翠花山风洞、冰洞与天洞景观图解

翠花山尤以"三洞"最为奇特诱人。风洞是一个"人"字形的洞，洞是一个狭长的三角形状，长30m，高15m，气流经过时，速度加快，游人进到洞里总是感觉凉爽的，是个夏天避暑的好去处。冰洞较深，洞内地势较低，形成了不规则的内洞和外洞，由于缺少冷热空气的交换，洞内外温度相差最高可达到23℃，洞内的冰常年不化，不过现在里面的好多都是人造冰块，夏天去游玩还是一个不错的选择。天洞是在原有天然洞穴的基础上经过人工美化装饰，利用现代声、光、电等技术绘成了一幅幅仿钟乳石奇观，如火树银花、奇山明珠、山瀑跳板，见图1-180~图1-184。

■图1-180 风洞入口

■图1-181 风洞景观

■图1-182　冰洞景观　　　　　　　　　　　　　■图1-183　天洞景观

■图1-184　天洞人造景观

第二章 智者水系景观图解

第一节 泉溪湾滩带状水景观图解

一、黑龙江五大连池北药泉景观图解

五大连池就是第四纪火山活动给人类留下的一片珍贵遗产，这里山秀、水幽、泉奇、石怪、洞异，是集生态旅游、休闲度假、保健康疗、科学考察为一体的高含量、多功能、综合型国际旅游胜地。公元1719~1721年，火山爆发堵塞了当年的河道，形成了五个互相连通的熔岩堰塞湖，故称五大连池。"北药泉"是矿泉康体养生区的北园，也称为"益身园"，可以品尝到与南泉不同口感的矿泉水，还可以观赏到以北方古典园林为主的建筑。这里总面积约4km²，由熔岩台地、湿地风光和药泉湖、药泉河组成的水陆交融的景观区。五大连池矿泉水对胃病、肝病、缺铁性贫血、高血压、低血压、心脑血管疾病、皮肤病、胆结石、糖尿病、内分泌失调等病症有显著疗效，对于现代社会的亚健康人群来说无疑是一个福音。

1.建筑引景

见图2-1、图2-2。

(a)　　　　(b)

■图2-1　大门开头景观（世界名泉），主干道中部牌坊景观（益身园）

■图2-2 主干道端点景观（益身亭）

2.药泉景观

见图2-3~图2-7。

■图2-3 药泉河

■图2-4 药泉瀑布   ■图2-5 药泉湖

■图2-6 药泉广场

■ 图2-7 品泉

3.辅助景观

见图2-8~图2-13。

■ 图2-8 园门景观

■ 图2-9 熔岩台地

■ 图2-10 石龙矿泉潭

■ 图2-11 游览栈道、休息平台

■ 图2-12 熔岩园路、汀步

■ 图2-13 象鼻状熔岩、雷劈石

二、甘肃兰州五泉山五泉景观图解

　　五泉山位于兰州市区南侧的皋兰山北麓，海拔1600多米，是一处具有两千多年历史的遐迩闻名的旅游胜地，达山顶登高远望可鸟瞰兰州市容新貌。公园景点以五眼名泉和佛教古建筑为主，园内丘壑起伏，林木葱郁，环境清幽；庙宇建筑依山就势，廊阁相连，错落有致。五泉山因汉代名将霍去病西击匈奴，曾屯兵皋兰山下，士兵渴燥，霍以鞭击地，当即涌出五眼泉水，分别为惠、甘露、掬月、摸子、蒙五眼泉水而得名。这五眼泉至今犹在。一为甘露泉，在文昌宫西边，孤亭掩蔽，清泉涓涓，久雨不淫，大旱不干，饮之如甘露。二为掬月泉，在文昌宫东面，泉宽约尺许，深约五尺，形如井状，中秋之夜，月出东山，这里得月最早，月影投泉心，如掬月盘中。三为摸子泉，在旷观楼下的摸子洞中。四为蒙泉，在东龙口下，这里悬崖凌空，有瀑布泻下，如挂练，如扬丝，坠入乱石丛中，溅起无数明珠，流到草坡间，积成一片明镜。五为惠泉，在西龙口下的企桥南端谷底，泉圆形，水净沙明，清澈见底，味甘美，宜于烹菜，且有灌溉之利，有惠于民，故而得名。

1. 甘露泉

见图2-14、图2-15。

■ 图2-14　文昌宫西侧甘露泉（六角砖亭）

■ 图2-15　甘露泉茶社

2. 掬月泉

见图2-16、图2-17。

■ 图2-16　园中园门

■ 图2-17　扇亭、扇窗、掬月泉（井）

3. 其他泉

见图2-18~图2-20。

■ 图2-18 蒙泉悬岩（悬崖吐液）

■ 图2-19 蒙泉瀑布池潭、茶社

■ 图2-20 企桥（惠泉）及其茶社

4.归拢景观

见图2-21、图2-22。

■ 图2-21 乐到名山大门、导游景墙

■ 图2-22　荷花池（曲桥、汀步）

三、陕西西安翠花山翳芳溪溪涧景观图解

　　翳芳溪生态休闲观光区是新开发的景区，行在曲径，小溪伴奏，鸟语花香，呼吸着负氧离子，神清气爽、延年益寿；看玉女潭、双龟戏水、金童玉女、垂缎珠帘、九天瀑布；想神、奇、特的百潭，如入瑶池，享受人间仙境，使游客徜徉在山水美景中难以释怀。见图2-23~图2-34。

■ 图2-23　翳芳溪山谷景观、三鹰守关

■ 图2-24　鸳鸯石

■ 图2-25　相思潭、神龟探海

■ 图2-26　玉女潭、南天门

■ 图2-27　双龟戏水

■ 图2-28　仙憩、对弈松

■ 图2-29　犀牛吸水

■ 图2-30 涧水跳跃

■ 图2-31 幽深溪流

■ 图2-32 瀑布景观

■ 图2-33 垂缎珠帘、迎凤潭

■图2-34　九天瀑布

四、新疆布尔津县喀纳斯三湾景观图解

1.卧龙湾景区

卧龙湾，当地又称锅底湖，是取其形状像锅底而得名。这里沿河群峰屹立，森林茂密，河流湍急。湾内的湖心岛犹如一条巨大的卧龙，传说在很久以前，一条巨龙腾云驾雾在此戏水，忽然天气突变，顷刻间冰封雪冻，将巨龙冻僵在这里，所以得名卧龙湾，见图2-35~图2-38。

■图2-35　卧龙湾全貌

■图2-36　湖心岛如卧龙

■图2-37　石滩

■图2-38　栈道、观景台

2.月亮湾景区

月亮湾位于卧龙湾上游约1km，是卧龙湾河曲的延伸部分。喀纳斯河床在这里顺势形成几个由反"S"状弯河曲组成的半月牙河湾，被称之为"月亮湾"。美丽静谧的月亮湾的湖水会随喀纳斯湖水颜色变化而变化，如同镶嵌在喀纳斯河上的一颗明珠。月亮湾迂回蜿蜒于河谷间，水面平波如镜，在上下河湾内发现两个酷似脚印的草滩，很是奇特，被当地人称为"神仙脚印"，见图2-39~图2-43。

■图2-39 月亮湾远观　　　　　　■图2-40 神仙脚印

■图2-41 月亮湾近赏

■图2-42 台阶、栈道

■图2-43 观景台

3.神仙湾

神仙湾是喀纳斯湖在山涧低缓处形成的一处浅滩。湖面背光看去在阳光照射下闪着细碎的光，仿佛无数珍珠任意洒落，也称它为"珍珠滩"。湾中常有云雾缭绕，山景、湖水、树木相映，如临仙境，神仙湾由此得名，见图2-44、图2-45。

■图2-44　观景台、观景廊

■图2-45　夏季神仙湾

五、新疆布尔津县五彩滩景观图解

五彩滩又称五彩河岸，位于额尔齐斯河流域，因长期受风蚀、水蚀以及淋溶等自然作用的影响而形成的，属于典型的雅丹地貌。北岸由紫红色、土红色、浅黄色和浅绿色等泥岩、砂岩及砂砾组成，光怪陆离的色彩从四面八方涌来。南岸，绿洲处处，绿草茵茵，绿树葳蕤，连绵成林。碧波荡漾的额尔齐斯河从中间蜿蜒穿过，遥望远处，山峦逶迤，沙漠起伏。这一切与蓝色的天际融合，戈壁风光，尽收眼底。

1. 五彩滩景观

见图2-46~图2-50。

■ 图2-46　一河两岸风光远景

(a) (b)

■ 图2-47　观河台、观景台

(a) (b)

■ 图2-48　五彩滩近景

(a) (b)

■ 图2-49　木质栈道

(a) (b)

■ 图2-50　观赏亭廊

2. 五彩滩辅助景观

见图2-51~图2-55。

■ 图2-51 大门内外景观

■ 图2-52 标志景观

■ 图2-53 云龙台、紫光台

■ 图2-54 美景台、寿山台

■ 图2-55 长胜桥与灯塔

第二节 湖岛池潭面状水景观图解

一、青海湖（鸟岛）景观图解

青海湖古代称为"西海"，是我国最大的内陆湖泊，环湖周长360km。湖面东西长，南北窄，略呈椭圆形。湖水平均深约19m，最大水深为28m，蓄水量达1050亿立方米，湖面海拔为3260m。湖区的自然景观主要有：青海湖、鸟岛、海心山、沙岛、三块石、二郎剑；湖滨山水草原区主要有日月山、倒淌河、小北湖、布哈河、月牙湖、热水温泉、错搭湖、夏格尔山、包忽图听泉和金银滩草原等。最吸引人的是西北隅的鸟岛，天上、山上、水上群鸟铺天盖地，蔚为壮观。

1. 青海湖及周边风光

见图2-56~图2-60。

■ 图2-56 标志石，一望无际的青海湖（晚霞）

■ 图2-57 湖边石滩、沙滩

■ 图2-58 草原牦牛

■ 图2-59　沙漠风光

■ 图2-60　码头景观

2. 鸟岛景观

见图2-61~图2-65。

■ 图2-61　鸟岛

■ 图2-62　观鸟台

■图2-63 石滩赏鸟

■图2-64 鸟文化长廊

■图2-65 观鸟窗

二、宁夏平罗沙湖景观图解

沙湖位于宁夏平罗县西南,东临滔滔黄河,西依贺兰山,总面积80.10km²,其中水域面积45km²,沙漠面积22.52km²。南沙北湖,湖润金沙,沙抱翠湖,湖水如海,柔沙似绸,天水一色,是一处融江南水乡与大漠风光为一体的生态旅游胜地。沙湖以自然景观为主体,沙、水、苇、鸟、山五大景源有机结合为一体,构成了独具特色的"塞上明珠"。

1. 沙湖景观

见图2-66~图2-69。

■图2-66 茅草亭组　　　　　　　　　　　　■图2-67 秋冬沙湖

■ 图2-68　沙湖晚霞

■ 图2-69　上下码头

2. 沙滩与沙雕景观

见图2-70~图2-73。

■ 图2-70　沙滩排球、滑索

■ 图2-71　马队、驼队

■ 图2-72 亭廊景观

■ 图2-73 沙雕景观

3. 辅助景观

见图2-74~图2-76。

■ 图2-74 沙鸥广场、标志石

■ 图2-75 沙鸥大门景观

■图2-76　购物中心标志景观

三、吉林长白山天池景观图解

吉林长白山天池位于吉林省东南部，在中朝两国两江道之间长白山主峰"白头山"山顶火山口内。天池略呈椭圆形，它南北长4.85km，东西宽3.35km，湖面面积9.82km²，海拔2194m，平均水深204m，是我国最大火口湖和最深的湖泊，在天池周围环绕着16个山峰，天池犹如是镶在群峰之中的一块碧玉。这里经常是云雾弥漫，并常有暴雨冰雹，云中有山、山中有云，景色秀丽异常，有"处处奇峰镜里天"之美称，吸引了无数游人。

1. 天池景观

见图2-77~图2-81所示。

(a)　　　　(b)

■图2-77　天池标志留念及其夏季景观

(a)　　　　(b)

■图2-78　两侧山峰

■ 图2-79　山水局部景观

■ 图2-80　观池台

■ 图2-81　护栏景观

2. 登山景观

见图2-82~图2-86。

■ 图2-82　长白山十六峰标志景观

■ 图2-83　不同海拔景观

■图2-84　盘旋山路景观（车行）

■图2-85　台阶蹬道景观

■图2-86　长白山十六峰简介

四、台湾地区日月潭景观图解

　　日月潭位于南投县鱼池乡水社村，是台湾地区最大的天然湖，由玉山和阿里山之间的断裂盆地积水而成。湖面海拔760m，面积约9km²，平均水深30m，湖周长约35km。日月潭四周群山环抱，重峦叠嶂，潭水碧波晶莹，湖面辽阔，群峰倒映湖中，优美如画。每当夕阳西下、新月东升之际，日光月影相映成趣，更是优雅宁静，富有诗情画意。日月潭中有一小岛远望好像浮在水面上的一颗珍珠，名珠子屿（拉鲁岛、光华岛），以此岛为界，北半湖形状像日轮，南半湖形状似新月，日月潭因此而得名，素有"双潭秋月"之称。

1.日月潭景观

见图2-87~图2-92。

■图2-87　标志石刻

■图2-88　上下码头

■图2-89　日潭、月潭

■图2-90　观景台

■图2-91　日月共赏台，晚霞

■ 图2-92　青龙山，慈恩塔远眺景观

2.拉鲁岛（光华岛、珠子屿）景观

见图2-93~图2-97。

■ 图2-93　拉鲁岛俯视远景

■ 图2-94　拉鲁岛平视中景

■ 图2-95　拉鲁岛近景

■ 图2-96　码头景观

■图2-97 双鹿与猫头鹰吉祥景观

3.潭周围景观

见图2-98~图2-101。

■图2-98 山顶一帆风顺建筑

■图2-99 岸边建筑票台

■图2-100 凉亭

■图2-101　步行栈桥、观景台

五、新疆布尔津喀纳斯湖景观图解

喀纳斯湖位于布尔津县境北部，湖面海拔1374m，面积44.78km²，是一个坐落在阿尔泰深山密林中的高山湖泊，湖水最深处达198m左右，是我国唯一的北冰洋水系。喀纳斯湖呈弯豆荚形，碧波万顷，群峰倒影。湖东岸为弯月的内侧，沿岸有6道向湖心凸出的平台，使湖形成井然有序的6道湾，每一道湾都有一个神奇的传说。其中第1道湾的基岩平台有一个巨大的羊背石，恰似一只卧羊昂首观湖；第3道湾的观湖台，是赏湖上落日的最佳地点；当旭日东升或夜幕降临时，乘船或站在第4道湾平台上探寻湖心秘密，运气好的话还可能看到时隐时现的神秘"湖怪"。北端的入湖三角洲地带，大片沼泽湿地与河湾小滩共存，地形平坦开阔，各种草类与林木共生，一派生机勃勃的景象。

1.喀纳斯湖风光

见图2-102~图2-107。

■图2-102　喀纳斯湖平视

■图2-103　山体景观

■ 图2-104 湖中波纹

（a）　　　　　　　　　　（b）

■ 图2-105 湖中石

（a）　　　　　　　　　　（b）

■ 图2-106 湖边林

（a）　　　　　　　　　　（b）

■ 图2-107 湖边草

2.喀纳斯湖辅助景观

见图2-108~图2-114。

■ 图2-108　标志石

■ 图2-109　大门景观

■ 图2-110　游客中心

■ 图2-111　仙居

■ 图2-112　林下栈道

■ 图2-113　湖边栈道、观景台

■ 图2-114　游船码头、观鱼台

六、浙江绍兴兰亭水系景观图解

兰亭位于绍兴市西南14km处的兰渚山下，是东晋著名书法家王羲之的寄居处也是历代书法家的"朝圣"之地。相传春秋时越王勾践曾在此植兰，汉时设驿亭，故名兰亭。兰亭布局以曲水流觞为中心，四周环绕着鹅池、鹅池亭、流觞亭、小兰亭、玉碑亭、墨华亭、右军祠等。鹅池用地规划优美而富变化，四周绿意盎然，池内常见鹅只成群，悠游自在。流觞亭就是王羲之与友人吟咏作诗，完成《兰亭集序》的地方。东晋穆帝永和九年三月三日，王羲之和当时名士孙统、孙绰、谢安、支遁等41人，为过"修禊日"宴集于此，列坐于曲水两侧，将酒觞置于清流之上，漂流至谁的前面谁就即兴赋诗，否则罚酒三觞。这次聚会有26人作诗37首。王羲之挥毫作了一篇324字的序文，这就是其书法代表作"天下第一行书"的《兰亭集序》。

1.入口景观

见图2-115~图2-117。

■ 图2-115 跨池园桥入口

■ 图2-116 小桥流水人家

■ 图2-117 园中园入口

2.规则水池景观

见图2-118、图2-119。

■ 图2-118 小兰亭梯形水池

■ 图2-119 右军祠内外矩形水池

3.曲水流觞景观

见图2-120~图2-123。

■ 图2-120 流觞亭，曲水开头景观

■ 图2-121 曲水流觞

■ 图2-122 回环曲折

■ 图2-123　鹅池景观（曲水终结景观）

4.山水风景乐池景观

见图2-124~图2-128。

■ 图2-124　简易牌坊入口，俯仰茅草亭

■ 图2-125　曲桥横渡

■ 图2-126　亲水平台、茶社

■图2-127 亭廊景观

■图2-128 山水美景间

七、台湾地区桃园慈湖风景区景观图解

慈湖位于桃园大溪镇,集天地灵秀之气,湖光山色近似浙江奉化山水,"埤尾"摇身一变为"慈湖"。慈湖为一处人工蓄水池,分前后两水塘,依山傍水,风景秀丽,颇有江南山水之风貌,相传该地尽得地利龙穴之上乘。沿湖遍植黄椰子、蒲葵、修竹,拱桥横跨,曲桥斜渡,酒坛成排,形成一条苍翠藩篱,大汉溪的清流激湍映带左右,风光旖旎,成为一座小小的天然湖山公园。绿意盎然的花园,每逢初春,便百花盛开,信步其中,如诗如画似梦游江南。

1.慈湖上游景观

见图2-129~图2-131。

■图2-129 慈湖风光

■图2-130 观景(照相)台

■ 图2-131　堤桥、泄水渠

2.慈湖中游（亲水游憩区）景观

见图2-132～图2-137。

■ 图2-132　慈湖中游景观全貌（远景）

■ 图2-133　九曲桥景观

■ 图2-134　极尽顺岸、贴水的九曲桥局部景观

■ 图2-135　依草栈桥、酒罐驳岸

（a）　　　　　　　　　　　　　　（b）

■图2-136　观景廊、慈湖桥

■图2-137　站在慈湖桥上俯视九曲桥

3.慈湖下游（牛角南埤）景观

见图2-138~图2-142。

■图2-138　牛角南埤风光（流线驳岸）

（a）　　　　　　　　　　　　　　（b）

■图2-139　湖中小岛、半岛风光

■图2-140 观景台

■图2-141 岸边栈桥、栏杆 　　■图2-142 下沉式栈桥

第三节 瀑布动态水景景观图解

一、陕西凤县嘉陵江源头第一瀑布景观图解

1.嘉陵江源头景观

"不积小流难以成江河"，众多涧溪、石下涌泉及石间渗水汇集形成千里嘉陵江之源。源头水景变化万千，具有三大特点：一是瘦水急流，石板渗水，音乐般的水声，悦耳动听；二是银链串珠溪流越汇越多，水量增大，远远望去，挂在山坡，如同银链上无数小水潭，在阳光下闪闪发光；三是飞瀑奇观，离源首越远流势越大，江水沿一块大基石如流云般滑下，而后附落，形成一道宽窄不等的瀑布，见图2-143。

■图2-143 嘉陵江源头

2.千里嘉陵第一瀑布景观

嘉陵江源头第一瀑布又称飞云瀑，距嘉陵江源头约3km，瀑布宽8m，高17m，江水从密林中沿着河床缓缓流出，小溪的水沿着一个斜向巨石顺坡奔流而下，在这里突然跌落，形成几个跌级，时而水珠四溅，时而似行云流水，时而如玉带挥洒在岩石上，形成漂亮又委婉的水幕，见图2-144~图2-148。

■图2-144　嘉陵江源头第一瀑布（飞云瀑）

■图2-145　瀑布上游

■图2-146　瀑布中游

■图2-147 瀑布下游

■图2-147 瀑布下游

■图2-148 观瀑亭

3.龙头瀑布景观

见图2-149、图2-150。

■图2-149 龙头景观

■图2-150 龙头瀑布

二、吉林长白山聚龙泉与长白瀑布景观图解

1.长白瀑布

　　长白瀑布位于天池北侧，于龙门峰与天豁峰之间的断裂缺口，乘槎河尽头。乘槎河流到1250m后，飞流直泻，形成高达68m的长白瀑布。由于山大坡陡，水势湍急，一眼望去，像一架斜立的天梯。瀑布口有一巨石名曰"牛郎渡"，将瀑布分为两股。两条玉龙似的水柱勇猛地扑向突起的石滩，冲向深深的谷地，溅起几丈高的飞浪，犹如天女散花，水气弥漫如雾，仿佛"银河落下千堆雪，瀑布飞流万缕烟"。它纬地经天，云翻雨倾，几十里外可闻咆哮声，势如万马奔腾，景象十分壮观。游人经过这里，无不驻足仰望，感慨万千。现瀑布下形成了深约20m的水潭，潭水流出，汇为二道白河，见图2-151~图2-156。

■ 图2-151　长白瀑布远景

■ 图2-152　长白瀑布中景，长白瀑布近景（上游）

■ 图2-153　瀑布中游

■ 图2-154　瀑布下游

■ 图2-155　观瀑栈桥

■ 图2-156　观瀑幽径

2.聚龙泉

聚龙泉温泉群被誉为"长白山第一泉"，哪怕冬季长白山的室外温度在－30℃左右，聚龙泉温泉里依然保持着82℃的水温。走进温泉区，热气扑面而来，温暖的泉水和凛冽的寒风交汇，让泡汤的人仿佛身在冰与火的缠绵之中。这里也是欣赏长白山雾凇的最佳位置。见图2-157~图2-159。

■图2-157　聚龙泉近景

■图2-158　观泉栈桥

■图2-159　温泉鸡蛋

三、陕西宜川黄河瀑布景观图解

　　黄河壶口瀑布位于陕西省宜川县境内，由县城沿着309国道往东直达黄河岸边即到。滚滚奔腾的黄河像一条腾飞的巨龙，穿行在西北黄土高原的秦晋大峡谷中，共同谱写出一幅辉煌壮丽的锦绣中华图景。当流经壶口时，宽约400m的河水突然收束一槽，形成特大马蹄状瀑布群。主瀑布宽40m，落差30多米，瀑布涛声轰鸣，水雾升空，惊天动地，气吞山河，为黄河第一大瀑布，也是我国仅次于贵州黄果树瀑布的第二大瀑布。壶口瀑布四季景色皆不同：春季解冻时，河水夹带的冰凌会发出震耳欲聋的声音；夏秋雨水丰富时，瀑布会扩展到百来米宽，气势最是磅礴；冬季冰封时，瀑布则是银装素裹，在狭长的峡谷中，就像一匹白练。见图2-160~图2-164。

■ 图2-160 瀑布远景

（a） （b）

■ 图2-161 瀑布中景

（a） （b）

■ 图2-162 瀑布近景

（a） （b）

■ 图2-163 沟槽景观

■图2-164　观瀑舫

四、黑龙江镜泊湖吊水楼瀑布景观图解

吊水楼瀑布位于黑龙江省宁安县西南，瀑布幅宽约70m，落差 20m。它下边的绿色水潭深 60m，叫 "黑龙潭"。吊水楼瀑布是世界上最大的玄武岩瀑布，酷似闻名加拿大 "尼亚加拉大瀑布"。湖水在熔岩床面翻滚、咆哮，如千军万马之势向深潭冲来，然后从断岩峭壁之上飞泻直下，扑进圆形瓯穴之中。潭水浪花四溅，如浮云堆雪，白雾弥漫；又似银河倒泻，白练悬空。瀑布两侧悬崖巍峨陡峭，怪岩峥嵘。站在崖边向深潭望去，如临万丈深渊，令人头晕目眩。一棵高大遮天的古榆枝繁叶密酷似一把天然的巨伞，踞险挺立于峭崖乱石之间。民间有许多优美的神话传说，形容描绘此地的景色。见图2-165。

■图2-165　瀑布标志景观

1.远观瀑布景观

见图2-166~图2-168。

■ 图2-166 远观瀑布（与日同辉）

■ 图2-167 远观二层亭、大桥景观

■ 图2-168 戏水观瀑

2.最佳观赏瀑布景观

见图2-169~图2-175。

■ 图2-169　最佳瀑布观赏图

（a）　　　　　　　　　　　（b）

■ 图2-170　观瀑亭

■ 图2-171　观瀑台

（a）　　　　　　　　　　　（b）

■ 图2-172　最佳观赏台

■ 图2-173　观景提示牌

■ 图2-174　解说牌

■ 图2-175　黑龙潭及对岸借景（拱桥、凉亭）

3.近赏瀑布景观

见图2-176~图2-178。

■ 图2-176　近赏瀑布景观

■图2-177　近赏栈道、跳水表演台

■图2-178　瀑布上游水面景观

五、新疆东小天池（飞龙潭）景观图解

天池一脉三潭，飞龙潭位于天池东北，是天池水下泻形成的潭，习惯称东小天池。这里潭水澄碧，松柏密匝，断崖陡立，飞瀑奔流，烟云飘绕，自成一处幽静神秘、动静相宜、意境不凡的特殊景观。飞龙潭一潭挂两瀑：上接飞珠泻玉，瀑声如雷，落差数十米的"飞龙吐哺"瀑布，下泻"百丈崖"，形成飞流直下，含烟蓄翠，七彩飞虹的"悬泉瑶虹"瀑布。这里景色迷人，正如诗中所赞：珍珠数泉悬半空，银链高挂雾蒙蒙。烟水缥缈骄阳艳，长虹飞架青峦中。

1. "飞龙吐哺"瀑布景观

见图2-179～图2-183。

■图2-179　龙头多级瀑布，观景台

■ 图2-180　龙颈及栈道

■ 图2-181　龙背及其栈道

■ 图2-182　龙腹多级瀑布

■ 图2-183　龙腹栈道与观景台

2.飞龙潭景观

见图2-184~图2-186。

■ 图2-184　飞龙潭标志景观

■ 图2-185　观潭台

■ 图2-186　飞龙潭景观

第三章
义者生物景观图解

■ 第一节　大规模纯林景观图解

一、陕西黄陵桥山古柏景观图解

　　轩辕黄帝是传说中的中原各部人民的祖先，黄帝陵是中华民族的象征，位于陕西省延安市黄陵县桥山之巅，素有天下第一陵称号。桥山，古柏参天遍野，长青不凋。因山像桥，故以得名。轩辕黄帝的陵冢就深藏在郁郁葱葱的古柏之中。陵、庙所在地桥山现有千年古柏816000株，是我国最大的古柏群。庙内有相传黄帝手植柏，高20余米，胸径11m，苍劲挺拔，冠盖蔽空，是我国最古老、最大的一株柏树。桥山古柏不仅数量多、树龄长，品种也较为齐全，以侧柏为主，还有扁柏、圆柏、刺柏等。桥山古柏群以其独有的特色构成了黄帝陵景区奇特的自然景观，把桥山装扮得秀丽幽静、苍翠肃穆、充满灵气。千百年来，此处祭祀活动绵延不断，黄帝陵已成为海内外中华儿女追思先祖功德、抒发民族情感的圣地。

1.轩辕庙内古柏景观

　　见图3-1～图3-7。

■ 图3-1　黄帝手植柏

■ 图3-2　黄帝手植柏树干基部及标志牌

■ 图3-3　汉武帝挂甲柏

■ 图3-4　古柏下灌木陪衬

■ 图3-5　草坪地、透水砖围护

■ 图3-6　古柏孤植、对植

■ 图3-7　树体保护

2.黄帝陵园古柏景观

见图3-8~图3-11。

图3-8　陵道古柏

■ 图3-9　桥陵圣境、龙角柏

■图3-10 黄土高原中桥山翠柏林

■图3-11 陵墓周围古柏、中华世纪柏

3.汉武仙台古柏景观

见图3-12~图3-14。

■图3-12 台内古柏根景

■图3-13 台外古柏干景

■图3-14　古柏与汉武仙台融为一体

二、新疆阜康市天蓬树窝子白榆景观图解

　　天蓬树窝子的榆树，个个都有上百年的历史，每棵榆树都有自己的造型和经历，只是需要人们给它起个动听的名字。山路因势而起，缀以鹅卵碎石，间以潺潺溪水或直流而下。清纯的榆圈香味，飘向宛若世外桃源的山林，见图3-15~图3-21。

（a）　　　　　　　　　　（b）

■图3-15　白榆林

（a）　　　　　　　　　　（b）

■图3-16　白榆姿态景观

■ 图3-17 千年白榆

■ 图3-18 树下舞台

■ 图3-19 树下毡房

■ 图3-20 树下凉亭

■ 图3-21　路边对植、丛植白榆

三、北京香山知松园景观图解

　　香山素来以自然风光取胜，除了令人神往的香山红叶，青松翠柏的烘托更是难得。知松园位于北京香山公园南北主要游览干道西侧，占地2hm^2，内有一二级古松柏100余株。在景区之东立有宽1.5m，长2.5m，高5.5m巨石一块，正面书直径为0.8m的"知松园"三字，石背刻录陈毅诗"大雪压青松，青松挺且直。欲知松高节，待到雪化时"。知松取意于《论语·子罕》："岁寒然后知松柏之后凋也"。

1.知松园主景

　　见图3-22~图3-26。

■ 图3-22　知松园

■ 图3-23　知松园景观、凤栖松

■ 图3-24 问松轩、听雪轩

■ 图3-25 佳日亭旁松姿

■ 图3-26 假山瀑布、洞穴与松姿

2.知松园辅景

见图3-27~图3-32。

■ 图3-27　香山松柏景观

■ 图3-28　松林餐厅

■ 图3-29　松林下凉亭

■ 图3-30　见心斋松阵背景

■ 图3-31　青松古寺

■ 图3-32　仿松景观小品

四、新疆克拉玛依乌尔禾区原始胡杨林

　　这片原始胡杨林位于准格尔盆地的古尔班通古特沙漠西缘的克拉玛依乌尔禾区境内，是前往喀纳斯旅游的必经之路。胡杨是一种生命力极强的树，又称灰杨，属落叶乔木，是第三纪残余的古老树种，一种沙漠化后而特化的植物，被人们誉为"沙漠勇士"。它的根扎得很深，可以吸收沙漠深处的水分，所以无论是飓风沙暴或是洪水的肆虐都无法撼动胡杨的根基，它们耐寒、耐热、耐碱、耐涝、耐干旱。胡杨生长期漫长，由于风沙和干旱的影响，很多胡杨树造型奇特、诡异，所以素有"活三千年不死，死三千年不倒，倒三千年不朽"之称。

1.胡杨精神与胡杨王景观

　　见图3-33~图3-38。

■ 图3-33　胡杨精神、胡杨王

■ 图3-34　胡杨王近景

（a）　　　　　　　　　　　（b）

■ 图3-35　死而不倒

（a）　　　　　　　　　　　（b）

■ 图3-36　倒而不朽（群体景观）

（a）　　　　　　　　　　　（b）

■ 图3-37　倒而不朽（单体景观）

■ 图3-38　异叶杨

2.百变胡杨景观

见图3-39~图3-46。

■ 图3-39　百变胡杨造型

■ 图3-40　想啥就是啥

■ 图3-41　如海狮爬行、孔雀飞舞

■ 图3-42 如狼似象

■ 图3-43 如老狼

■ 图3-44 如牛魔王、金钢

■ 图3-45 如美女似跳舞

■ 图3-46　摇钱树

3.辅助景观

见图3-47~图3-49。

■ 图3-47　路口表征与入口景观

■ 图3-48　冬窝子

■ 图3-49　牧民老屋

五、海南三亚西岛椰林风光景观图解

西岛位于三亚湾国家自然保护区内,全岛面积2.8km²,本地居民3000多人,世代以打鱼为生。由于远离城市,污染少,岛上风景秀丽,空气清新,沙滩柔和,海水清澈见底;环岛海域生长着大量美丽的珊瑚,聚集生活着各种色彩斑斓的热带海鱼,宛如一个巨大的热带海洋生态圈,是一个休闲度假的好地方。西岛西北角一片广阔柔和的沙滩,除了富有地方特色的贝壳长廊之外,还是游乐世界游泳及各种海上运动的主要场地,在这里游客可以任意选择自己喜欢的运动,有摩托艇、帆船、香蕉船、空中拖伞、滑水、豪华快艇等,各种设施都新颖、安全。

1.贝壳长廊与椰林风光

见图3-50~图3-54。

■图3-50　贝壳长廊

■图3-51　椰林下贝壳景观

■图3-52　椰林下射箭场、椰林前雕塑景观

■ 图3-53 椰林道路与广场

■ 图3-54 椰林风光

2.海岸椰林

见图3-55~图3-58。

■ 图3-55 椰林沙滩排球场

■ 图3-56 休息亭廊

■ 图3-57　观海亭、摇床

■ 图3-58　沙滩游乐场

3.椰林餐厅

见图3-59～图3-61。

■ 图3-59　海鲜餐厅

■ 图3-60　餐厅长廊

■ 图3-61　海边餐饮小酌

第二节 特色植物景观图解

一、内蒙古武川县希拉穆仁草原旅游风光图解

"远看是山，近看是原"，坦荡苍茫的大草原，浓郁的民族风情，让多少游人神往。希拉穆仁草原旅游区共有草场面积714km²，这里水草丰美、牛羊肥壮、文物古迹众多、文化底蕴深厚。有著名的佛教寺庙普会寺、红格尔敖包、草原民俗博物馆等一批经典旅游景点。旅游活动内容丰富，可观赏美丽的草原，看草原日出日落；欣赏蒙古族的传统体育活动赛马、摔跤、射箭和马术表演，以及参加蒙古族歌舞表演、篝火晚会等；访问牧民，参加牧民的生产和劳动场面，如放牧、挤奶、制奶食品等；品尝蒙古族的传统食品手把肉、烤羊肉、奶食品等。在草原上骑马漫游，充分领略草原风光等。

1.天堂草原风光

见图3-62~图3-67。

■图3-62 一望无际的大草原

■图3-63 河边树林与草原

■图3-64 草原天堂

■ 图3-65　天堂之门、敖包相会

■ 图3-66　蒙古包

■ 图3-67　牧马、骑马

2.牧场（牧家乐）与草原之夜

见图3-68~图3-72。

■ 图3-68　天鹅湖牧场

(a)　　　　　　　　　　　　　　　　(b)

■ 图3-69　牧家乐

■ 图3-70　敬献哈达

(a)　　　　　　　　　　　　　　　　(b)

■ 图3-71　篝火晚会

(a)　　　　　　　　　　　　　　　　(b)

■ 图3-72　草原之夜场景

3.普会寺景观

见图3-73、图3-74。

■ 图3-73 清代喇嘛召庙"普会寺"山门与轴线景观

■ 图3-74 大殿、嘛呢

二、新疆吐鲁番葡萄沟景观图解

葡萄沟位于新疆吐鲁番市区东北11km处,是火焰山下的一处峡谷。沟内有布依鲁克河流过,主要水源为高山融雪,因盛产葡萄而得名,是新疆吐鲁番地区的旅游胜地。在葡萄沟溪流两侧,葡萄架遍布,葡萄藤蔓层层叠叠,绿意葱葱。四周是茂密的白杨林,花草果树点缀其间,农家村舍错落有致地排列在缓坡上。沟里四处都有令人向往的地方。

1.葡萄长廊景观

见图3-75~图3-79。

■ 图3-75 葡萄沟标志性景观

■ 图3-76 入口景观

■ 图3-77 千米葡萄长廊

■ 图3-78 葡萄长廊标志性景观

■ 图3-79 葡萄沟晾房

2.民俗风情景观

见图3-80~图3-85。

■ 图3-80 民俗村入口、凉亭

■ 图3-81 民族风情长廊

■ 图3-82 阿凡提故居

■ 图3-83 长寿老人、演出舞台

■图3-84　农家乐购物

■图3-85　观看与参与歌舞

三、泰国芭提雅热带水果园景观图解

芭提雅位于曼谷东南的暹罗湾，是休闲、海浴、游泳、潜水和其他海水活动的好去处，有"东方夏威夷"之誉。芭提雅热带水果园占地有几百亩，里面种有各种热带水果，既有水果之后的山竹，水果之王的榴莲，还有红毛丹、椰青和火龙果等，可一次性让游客吃个够。园内景色原始优美，到处都是各种水果的果园，可以亲手采摘，又与随处可见的小动物一起玩耍，让游客有远离市区烦嚣的清新感觉。

1.果园景观

见图3-86~图3-91。

■图3-86　水果之王——榴莲、水果之后——山竹

■ 图3-87　火龙果、菠萝

■ 图3-88　杨桃、红毛丹

■ 图3-89　人心果、番荔枝

■ 图3-90　香蕉、柚子

■图3-91 香水椰、甜南

2.采摘、品果活动景观

见图3-92、图3-93。

■图3-92 热带水果园入口景观

■图3-93 采摘水果

四、河北承德避暑山庄万树园景观图解

避暑山庄位于承德市区的北部，除宫殿区以外的苑景区可分为3个部分。其西北部，山峦连绵、沟壑纵横；其东南部，非湖即泊，波光水影；在山峦与湖泊中间是一片开阔的平原，万树园即占据了平原的大部分。万树园北倚山麓，南临澄湖，占地0.58km²。园中立有石碣，上刻有"万树园"，为清乾隆皇帝所书。古榆、苍松、翠柏、巨槐、老柳、卧桑等许多北方古老树种散植其间，从春始到秋末，林茂草盛万树争姿，花草斗艳。空中，鹰鹤翱翔，百鸟鸣唱；地上，麋鹿悠游，山鸡奔窜，野兔出没，极富苍莽的原始野趣。园内不施土木，设蒙古包，康熙、乾隆、嘉庆年间，皇帝曾多次在这里会见、宴请少数民族王公贵族及政教首领，并多次会见、赐宴其他国家的使节。

1.万树园主体景观

见图3-94~图3-99。

■ 图3-94　万树园景观全貌

■ 图3-95　万树园置石标志，绿毯八韵碑

■ 图3-96　万树园树木标志景观

（a）　　　　　　　　　　　　　（b）

■ 图3-97　构筑林木空间

（a）　　　　　　　　　　　　　（b）

■ 图3-98　立体植物群落景观

■ 图3-99　树下园凳群

2.万树园对比景观

见图3-100～图3-103。

（a）　　　　　　　　　　　　　（b）

■ 图3-100　御瓜圃入口与解说景观

■ 图3-101　瓜田景观与农舍、茅草凉亭

■ 图3-102　万树园与永佑寺

■ 图3-103　永佑寺山门与构图中心——舍利塔（六和塔）

五、马来西亚云顶热带植物群落景观图解

　　马来西亚雨量充沛，万木常青，四季花香。云顶（Genting Highlands）高原位于彭亨州西南吉保山脉中段东坡，吉隆坡东北约50km处，面积约49km²，不仅是东南亚最大的高原避暑地，也有各种娱乐设施，有"南洋群岛的的蒙地卡罗"之称由于山中云雾缥缈，令人有身在山中犹如置身云上的感受，故名。这里山峦重叠，林木苍翠，花草繁茂，空气清新怡人。东面有森巴山，西面是朋布阿山，登山公路曲折迂回。云顶的建筑群位于海拔1772m的鸟鲁卡里山，在云雾的环绕中犹如云海中的蓬莱仙阁，在这里可以饱览云海变幻莫测的奇观。晴空万里时，视野辽阔，夜间西观可欣赏吉隆坡辉煌的灯火；凌晨东眺，云海晨曦，绚丽无比。

1.热带雨林植物群落景观

见图3-104~图3-109。

■ 图3-104　索道在热带雨林植物中穿行

■ 图3-105　标志景观，地被植物

■ 图3-106　热带雨林植物群落

■ 图3-107　热带雨林植物色彩

■ 图3-108　林中小屋

■ 图3-109　山水、植物共依云

2.山麓（腰）景观

见图3-110、图3-111。

■ 图3-110 山麓宾馆、钟楼

■ 图3-111 山腰宾馆，遥望山顶

3.云顶景观

见图3-112~图3-114。

■ 图3-112 矗立在热带植物群落中云顶

■ 图3-113 云顶植物景观

■ 图3-114　云顶建筑

第三节　鸟与兽动物景观图解

一、湖南长沙岳麓山鸟语林景观图解

　　长沙鸟语林坐落在岳麓山，林内汇集了世界各地的珍稀鸟类400余个品种，是中南地区规模最大、鸟类品种最齐全的一家综合性鸟类主题乐园。整个林区分为：飞禽区和放养区两大区域，林内有立体观景瀑布、天鹅湖、百鸟剧场、人鸟交流广场、观鸟长廊、水禽游乐馆、儿童乐园、鸟类医院、科普长廊等十多个景点。当游客步入这鸟语花香的世外桃源，可以看白鹅浮绿水、鸳鸯做对游、野鸭不时飞的美好景象；加之精彩的鸟艺表演，让游客沉醉其中，流连忘返。见图3-115~图3-124。

(a)　　(b)

■ 图3-115　主门广场景观

(a)　　(b)

■ 图3-116　鸟门广场景观

■ 图3-117　北极狐、猛禽园

■ 图3-118　鹦鹉长廊

■ 图3-119　鸵鸟、火烈鸟

■ 图3-120　观鸟台、与鸟共舞广场

■ 图3-121　鸟文化宣传廊

■图3-122　鸟艺剧场

■图3-123　鸟艺舞台

■图3-124　鸟类活动广场

二、广东广州白云山鸣春谷景观图解

　　位于广州北郊的白云山，峰峦重叠，溪涧纵横，羊城儿景中的四景都在白云山上。"鸣春谷"坐落于白云山的"天南第一峰"与"九龙泉"之间的滴水岩谷地上。园内可以观看品种众多的鸟类，聆听白鸟鸣唱、了解鸟类知识和欣赏奇趣精彩的驯鸟表演。主要景区包括鸟类标本陈列室、大型鸟笼景区、珍稀鸟展区、鸣禽挂廊区、滴水岩自然景区和驯鸟表演区等。在大型鸟笼内，放养有各种鸟类150多个品种共5000余只，采用悬索式张网结构，以18根高10～25m的钢柱支撑，顶部是不锈钢，周围镀锌钢网将全区笼罩住。笼内是一自然山谷，放养的鸟类有丹顶鹤、天鹅、孔雀、黄腹角雉、蓝马鸡等构成立体赏鸟的优美环境，置身其中，仿佛深入"蝉噪林愈静，鸟鸣山更幽"的境界，令人有回归山林之感，见图3-125～图3-134。

■ 图3-125　鸣春谷导游图

■ 图3-126　主入口景观

■ 图3-127　次入口景观

■ 图3-128　笼养鸟

■ 图3-129 鸟亭、鸟笼

■ 图3-130 水禽

■ 图3-131 假山、雕塑

■ 图3-132 观鸟台、滴水岩蝴蝶谷入口牌坊

■ 图3-133 鸟类介绍牌

■图3-134 鹦鹉明星剧场

三、四川成都大熊猫繁育研究基地景观图解

　　成都大熊猫繁育基地位于成都市北郊斧头山，模拟大熊猫野外生态环境造园，现占地0.373km^2，绿化覆盖率达96%，营建了适宜大熊猫及多种珍稀野生动物生息繁衍的生态环境。这里常年圈养20余只大熊猫以及小熊猫、黑颈鹤、白鹤等珍稀动物。该基地现建有齐全的大熊猫繁育所必须的设施，有兽舍、饲料室、医疗站、大熊猫纪念馆和实验楼，还种有大熊猫食用的上万丛竹子和灌木。见图3-135。

■图3-135　大熊猫繁育基地平面图

1.熊猫基地景观

　　见图3-136~图3-139。

■图3-136　大熊猫幼稚园

■ 图3-137 大熊猫生活照

■ 图3-138 大熊猫别墅

■ 图3-139 小熊猫的生活照

2.配套景观

见图3-140~图3-143。

■ 图3-140 基地内外标志性景观

■ 图3-141 假山瀑布、雾气平台

■ 图3-142 大熊猫剧场、博物馆

■ 图3-143 基地内外纪念品销售店

四、黑龙江哈尔滨东北虎林园景观图解

　　东北虎林园位于哈尔滨松花江北岸，为目前世界上最大的东北虎野生自然园林，是出于挽救和保护世界濒危物种东北虎而建立的园林。现建有成虎园、幼虎苑、科普展馆各一处。成虎园$36×10^4m^2$，散放着30只野性十足的斑斓猛虎，游人需乘专用旅游车游览在群虎之间。幼虎苑圈养着40多只3岁以下的幼虎，活泼可爱，游人可徒步在廊道里观赏。在这里，人们"漫游"于群虎之间，领略那群虎扑食、二虎相争的惊险与刺激，满足了游人回归自然、寻求探险的旅游心理。

1.成虎园与放鸭景观

　　见图3-144～图3-148。

■ 图3-144　成虎园双门景观

■ 图3-145　坐着笼车观虎

■ 图3-146　东北虎掠影

■ 图3-147　放鸭、寻觅

■ 图3-148　争抢、独享

2.配套景观

　　见图3-149~图3-154。

■ 图3-149　园内外表征景观

■ 图3-150　虎头山、售票处

■ 图3-151　虎文化园入口景观

■ 图3-152　虎文化园池塘与置石景观

■ 图3-153　虎文化景墙

■ 图3-154　虎景观小品

五、陕西西安秦岭野生动物园景观图解

西安秦岭野生动物园是西北地区首家野生动物园，园内现有动物300余种，分为车入区和步行区两大部分。步行区位于动物园的西半部，动物馆舍包括大熊猫馆、小熊猫馆、灵长馆、金丝猴馆、猴苑、火烈鸟馆、河马馆、袋鼠馆、大象馆、鹦鹉廊、白虎馆、海洋表演馆、两栖爬行馆，及鸳鸯池、雁鸭湖、水禽湿地。车入区的食草动物展出部分位于动物园的东半部，它又分为东、西两部分，其东半部为产于非洲的食草动物，西半部为产于亚洲的食草动物，整个车入区食草动物展区共有动物47种1700余只。车入区的食肉动物展出部分位于动物园的南部，由东向西依次是虎、猎豹、非洲猎犬、非洲狮、熊、狼。这里能吸引游客注意，给游客以深刻记忆的是虎、狮的威猛。当载满游客的游览车外悬挂着它们的食物缓缓驶入动物展区时，它们慢慢靠向游览车并追逐车辆，游人与食肉猛兽近在咫尺，它们猛地跳起扑向车外的食物时，有惊无险的场面成为整个动物园游览过程的高潮。

1.动物园景观

见图3-155~图3-168。

■ 图3-155　兔舍

■ 图3-156　犬舍

■ 图3-157　孔雀苑

■ 图3-158　水禽湿地

■ 图3-159　亚洲食草动物区（鹿）

■ 图3-160　亚洲食草动物区（牦牛）

■ 图3-161　鸵鸟馆

■ 图3-162　斑马馆

■ 图3-163　食肉动物区（老虎）

■ 图3-164　食肉动物区（狮子）

■ 图3-165 食肉动物区（猎犬）　　　　■ 图3-166 食肉动物区（狼）

■ 图3-167 食肉动物区（狗熊）

■ 图3-168 猴苑

2.配套景观

见图3-169~图3-172。

■ 图3-169 青山绿水中的动物园

■ 图3-170 假山水池

■ 图3-171 动物角斗场

■ 图3-172 动物根雕景观

第四章
礼者园林建筑景观图解

第一节 依山园林建筑景观图解

一、河南嵩山少林寺塔林景观图解

  塔林在少林寺西侧500m左右的五乳峰脚下，少溪河北岸，丛林之中，是少林寺历代有名高僧埋骨之处，因塔多，而且高、低、大、小、粗、细不一，又散布如林，故称塔林。塔内一般安放逝者的灵骨或生前衣钵。按层级分，有单层和多层，最多层级为七级，即世称"七级浮屠"，最高达15m；按平面形状分，有正方形、长方形、六角形、八角形和圆形等；按型制分，有密檐式、堵坡式和喇嘛式等。大多数是用砖石砌成，亦有用整石凿制而成。塔体上往往刻有精美的图案和浮雕。少林寺塔林，不仅是研究我国古代砖石建筑、书法、雕刻的艺术宝库，也是研究佛教史、少林寺史非常珍贵的资料。见图4-1~图4-8。

■图4-1 少林寺塔林正面图

■ 图4-2　五乳峰下的塔林　　　　　　　　　　■ 图4-3　错落有致的塔林

（a）　　　　　　　　　　　　　　　　　　（b）

■ 图4-4　四方单层单檐塔、四方单层密檐塔

■ 图4-5　六角单层密檐塔，或砖或石

■ 图4-6　堵坡石塔

■ 图4-7　六角喇嘛砖塔、八角喇嘛砖塔（八卦）

■ 图4-8　喇嘛石塔、寿字碑

二、湖南长沙岳麓山观光长廊景观图解

　　观光长廊位于岳麓山山脊的中部，集休闲、娱乐、登高览胜为一体，全长 140m。岳麓山顶上各种树木以高大乔木居多，便于观看山峰两边的景色，特意修建一个观景长廊，以便游人登高远眺。登上观光台，既可以鸟瞰新长沙城市的美景，又可以欣赏到湖湘秀丽的田园景色。游客在漫步中就可以找到"一览众山小"的美妙感觉！见图4-9~图4-16。

■图4-9　启景

■图4-10　直廊、折廊

■图4-11　随形就势，与山脊融为一体

■ 图4-12　开阖有序，留白进行空间变化

■ 图4-13　台阶

■ 图4-14　中部观景亭

■ 图4-15　山顶观景台

■ 图4-16　远借景观

三、河北承德避暑山庄山岳区宫墙二马道景观图解

　　"岩城埤堄固金汤"是清代乾隆皇帝对避暑山庄宫墙的赞美。山庄的宫墙依山就势，如巨龙蜿蜒起伏10km，成为这座古典皇家园林的最好屏障。因砌筑宫墙的毛石颜色不一，形如虎皮，故而又称虎皮宫墙。宫墙由马道和垛口组成，形似长城，又有"小八达岭"之称。二马道是避暑山庄比较著名的一个景点，它是古代士兵骑马巡逻的道路，两匹马可以并排行走，由此而得名。由于二马道在山庄最北端，地势较高，向南可观雄奇秀丽的避暑山庄，向北可以俯瞰到4座金碧辉煌的皇家寺庙，如殊相寺、小布达拉宫、行宫、普宁寺都尽收眼底。

1.山脊蹬道景观

　　见图4-17~图4-19。

■图4-17　山脊块石蹬道

■图4-18　单檐观景亭

■图4-19　重檐借景亭

2.二马道景观

见图4-20~图4-23。

■ 图4-20　虎皮石墙

■ 图4-21　二马坡道

■ 图4-22　二马城道

■ 图4-23　依山就势的宫墙

3.借景

见图4-24~图4-28。

■图4-24　山坡的普陀宗乘之庙

■图4-25　山坳的须弥福寿之庙

■图4-26　山腰的普宁寺大乘之阁

■ 图4-27 市区住宅景观

■ 图4-28 山麓山庄会馆，山脊凉亭

四、湖北武当山依山建筑景观图解

武当山位于湖北省十堰市丹江口境内，又名太和山，是中国著名的道教圣地之一，也是"武当拳"的发源地。武当山不仅拥有奇特绚丽的自然景观，而且拥有丰富多彩的人文景观。可以说，武当山无与伦比的美，是自然美与人文美高度和谐的统一，因此被誉为"亘古无双胜境，天下第一仙山"。胜景有箭镞林立的72峰、绝壁深悬的36岩、激湍飞流的24涧、云腾雾蒸的11洞、玄妙奇特的10石9台和三潭、九泉等景观。主峰天柱峰，海拔1612m，被誉为"一柱擎天"，四周群峰向主峰倾斜，形成"万山来朝"的奇观，见图4-29。

■ 图4-29 武当胜境（万山来朝）

1.南岩宫建筑景观

见图4-30~图4-33。

■ 图4-30　南岩宫远景

■ 图4-31　山门、碑亭

■ 图4-32　玄帝殿

■ 图4-33　南岩宫近景

2.紫禁城建筑景观

见图4-34~图4-39。

■ 图4-34 台阶、南天门

■ 图4-35 城墙

■ 图4-36 廊道

■ 图4-37 天柱峰、太和宫

■ 图4-38 金殿

■ 图4-39 远借景观

3.其他依山建筑景观

见图4-40~图4-44。

■ 图4-40 山麓建台（琼台）

■ 图4-41 山腰设祠

■ 图4-42 糊梅仙祠

■ 图4-43 山凹藏宫

■ 图4-44 朝天宫

五、四川青城山建筑景观图解

青城山位于四川省都江堰市西南、成都平原西北部，是邛崃山脉南段的东支，为道教十大洞天之第五洞天。分为前山、后山。前山是青城山风景名胜区的主体部分，约15km²，景色优美，文物古迹众多，主要景点有建福宫、天然图画、天师洞、朝阳洞、祖师殿、上清宫等；后山总面积100km²，水秀、林幽、山雄、石怪，高不可攀，直上而去，冬天寒气逼人、夏天凉爽无比，蔚为奇观，主要景点有金壁天仓、圣母洞、山泉雾潭、白云群洞、天桥奇景等。自古以来，人们以"幽"字来概括青城山的特色。青城山空翠四合，峰峦、溪谷、宫观皆掩映于繁茂苍翠的林木之中。道观亭阁取材自然，不假雕饰，与山林岩泉融为一体，体现出道家崇尚朴素自然的风格。堪称特色的还有日出、云海、圣灯三大自然奇观，为自古有道风仙气的青城山增添魅力。见图4-45。

■图4-45　青城山山门

1.道观亭阁自然建筑景观

见图4-46～图4-50。

(a)　　　　　　　　　　　　　　　　　(b)

■图4-46　山麓亭廊

■ 图4-47　靠路边而设亭廊

■ 图4-48　坎边（广场）亭廊

■ 图4-49　山崖亭廊

■ 图4-50　天然阁、齐云阁匾额

2.山顶老君阁建筑景观

见图4-51~图4-53。

■图4-51 山顶建台

■图4-52 台上建阁（老君阁）

■图4-53 台间与原有大树融为一体

六、山东泰山岱顶建筑景观

岱顶集中了泰山自然风光与名胜古迹的精华，是游览泰山的高潮所在。信步天庭，可尽览泰山绝顶的无限风光。虚无缥缈的月观峰，金碧辉煌的碧霞祠，直插云天的玉皇顶，扑朔迷离的无字碑，都使人感到妙不可言。岱顶的主要景点有南天门、天街坊、天街、日观峰、探海石、大观峰题壁、丈人峰、碧霞祠等。除此之外，还可欣赏旭日东升、云海玉盘等泰山奇观。特别是在北拱石观日出，红日跃出，光芒四射，叹为观止。

1.引景与孔子庙和神憩宾馆景观

见图4-54~图4-58。

■ 图4-54　泰山岱顶入口牌坊

■ 图4-55　观景台

■ 图4-56　孔子庙

■ 图4-57　神憩宾馆俯视景观

■ 图4-58　孔子庙与神憩宾馆仰视景观

2.碧霞祠景观

见图4-59~图4-62。

（a）　　　　　　　　　　　　　　　（b）

■ 图4-59　登顶台阶

（a）　　　　　　　　　　　　　　　（b）

■ 图4-60　西神门、东神门

■ 图4-61　碧霞祠广场与大殿

■ 图4-62　碧霞祠俯视景观

3.玉皇顶景观

见图4-63~图4-66。

■ 图4-63　大观峰、青帝宫

■ 图4-64　玉皇顶远观

■ 图4-65　玉皇顶近赏

■ 图4-66　玉皇庙

4.日观峰与瞻鲁台景观

见图4-67~图4-71。

■ 图4-67　日观峰远景

■ 图4-68　日观峰近景

(a)　(b)

■ 图4-69　迎旭宾馆

(a)　(b)

■ 图4-70　北拱石、观日出

(a)　(b)

■ 图4-71　瞻鲁台、仙人桥

第二节 滨水园林建筑景观图解

一、湖南洞庭湖岳阳楼景观图解

自古以来，洞庭湖就以湖光山色以吸引游人，让历代著名文学家为之倾倒。唐李白诗云："淡扫明湖开玉镜，丹青画出是君山。"诗人刘禹锡也吟道："湖光秋月两相和，潭面无风镜未磨。遥望洞庭山水色，白银盘里一青螺。"岳阳楼屹立于岳阳城西北高丘的城台之上，地面海拔54.3m。它前瞰洞庭，背枕金鹗，遥对君山，南望三湘四水，北枕万里长江。它倚长江、畔洞庭，于洞庭湖居其口，于长江居其中。登岳阳楼，领略洞庭"北通巫峡，南极潇湘"的湖光山色，是人生一大快事。

1.洞庭湖风光

见图4-72~图4-74。

■图4-72 洞庭湖标志景观

■图4-73 一级赏水步道、二级赏水栈道

■图4-74 三级赏水城墙

2.岳阳楼景观

见图4-75~图4-80。

■ 图4-75　陆路入口观楼广场，城门之上的岳阳楼

■ 图4-76　水路岳阳门及点将台

■ 图4-77　台上的岳阳楼

■ 图4-78　登楼借景洞庭湖

■ 图4-79　台上的仙梅亭、三醉亭

■ 图4-80　怀甫亭、湖边景

3.辅助景观

见图4-81～图4-85。

■ 图4-81　入口景观

■ 图4-82　两侧牌坊门

■图4-83 五朝楼观

■图4-84 双公祠(范仲淹、滕子京)

■图4-85 碑亭廊、汴河街

二、海南三亚市亚龙湾与大东海渔村度假别墅景观图解

1.亚龙湾别墅景观

亚龙湾位于三亚市东南28km处，是海南最南端的一个半月形海湾，沙滩绵延7km且平缓宽阔，浅海区宽达50~60m。沙粒洁白细软，海水清澈澄莹，能见度7~9m。这里不仅有蓝蓝的天空、明媚的阳光、清新的空气、起伏的青山、百态的岩石、幽静的红树林、平静的海湾、透明的海水，细腻的沙滩以及缤纷的海底景观等，而且8km长的海岸线上椰影婆娑，生长着众多奇花异草和原始热带植被，各具特色的度假酒店错落有致的分布于此，又恰似一颗颗璀璨的明珠，把亚龙湾装扮得风情万种、光彩照人。见图4-86~图4-91。

■ 图4-86　亚龙湾的标志

■ 图4-87　亚龙湾沙滩、凉亭

■ 图4-88　"一帆风顺"张拉膜亭

■ 图4-89　某酒店前的仙人掌

■图4-90　某酒店的龙头跌水景观

（a）

（b）

■图4-91　贝壳馆、蝴蝶馆

2.大东海渔村

　　大东海渔村位于三亚市的榆林港和鹿回头公园之间，三面环山，一面朝大海，一排排翠绿椰林环抱沙滩，因蓝天、碧海、青山、绿椰、白沙滩独特之美博得海内外游客的赞叹。月牙形的海湾，辽阔的海面晶莹如镜，只见白沙融融，阳光、碧水、沙滩、绿树构成了一幅美丽的热带风光图。见图4-92~图4-96。

（a）

（b）

■图4-92　大东海渔村标志、观海台

■ 图4-93　大东海沙滩凉亭组

（a）

（b）

■ 图4-94　船型宾馆

（a）

（b）

■ 图4-95　某花园酒店

（a）

（b）

■ 图4-96　别墅

三、厦门菽庄花园四十四桥景观图解

菽庄花园位于鼓浪屿岛南部，园内有四十四桥和十二洞天等景点。四十四桥乃全国主景，因主人建桥时年四十四岁而得名。此桥下有闸门，把海水引入园内，构成了大海、外池、内池三处。由于桥身迂回曲折、凌波卧海，宛如游龙。桥上有观鱼台、渡月亭、千波亭、招凉亭。渡月亭有楹联："长桥支海三千丈，明月浮空十二栏"。在月夜，坐在亭里，看皓月当空，静影沉璧，令人浮想联翩，月下涛声，轻如细语，仿佛与人谈心。千波亭，造形幽雅精巧，游客在此观潮、听涛、踯躅、盘桓，均能各尽其妙。招凉亭，面对大海，凉风习习，且亭子造型如折扇，更有招凉之意。

■图4-97 四十四桥景观

1.内池景观

见图4-98、图4-99。

■图4-98 壬秋阁

■图4-99 真率亭

2.外池景观

见图4-100、图4-101。

■图4-100　月台、拱桥

■图4-101　置石题刻

3.大海景观

见图4-102~图4-105。

■图4-102　千波亭

■图4-103　渡月亭

■图4-104　九曲桥、置石题刻

■图4-105　招凉亭、石屏赏月台

四、台湾地区高雄市莲池潭水中园林建筑景观图解

莲池潭位于高雄市北郊，左营的东侧，潭长1.4km、宽400m，水面占地约0.75km²，南近龟山，北接半屏山。潭水是源自于高屏溪，此处是庙宇聚集区，亦即为高雄近郊著名的宗教观光胜地。莲池潭畔遍植垂柳，景致秀丽。潭中有九曲桥往两座中国宫殿式楼阁，一座为春阁，另一座为秋阁，是为纪念关羽而建，各有九曲玉栏桥相通，合称即为"春秋御阁"。莲池潭里最具有中国色彩的就是龙虎塔。这两座古色古香的塔，分别由龙和虎盘踞在潭上。由龙的口进入，虎口为出口。中国人相信，进入龙喉出虎口会有好运当头的感觉。

1.春秋御阁景观

见图4-106~图4-110。

■图4-106　入口牌坊、假山雕塑

■图4-107　九曲玉兰桥

■图4-108　春秋御阁景观全貌

■ 图4-109 龙头、龙身景观

■ 图4-110 龙身内部景观

2.龙虎塔景观

见图4-111~图4-115。

■ 图4-111 九曲折桥

■图4-112　龙虎塔景观全貌

■图4-113　龙虎塔装饰景观

■图4-114　龙口进

■图4-115　虎口出

3.其他景观

见图4-116、图4-117。

■ 图4-116 直桥、五里亭

■ 图4-117 北极双亭、北极玄天上帝塑像

五、厦门集美闽台岛景观图解

闽台岛占地0.17km², 是集中反映闽台文化的场所。以杏林阁为构图中心, 环境红砖古厝与骑楼街市, 可进行闽南地方文化风情展示、闽南文化节庆、对台湾地区交流和相关学术研究等活动。

1.红砖古厝大夫第景观

见图4-118~图4-121。

■ 图4-118 红砖古厝建筑群

■ 图4-119　立狮"石敢当"守门、宅旁福井相伴

■ 图4-120　戏台

■ 图4-121　与杏林阁遥相呼应的大夫第

2.杏林阁景观

见图4-122~图4-125。

■ 图4-122　岛上构图重心——杏林阁（远景）

(a)

(b)

■ 图4-123　杏林阁中景（高台）

(a)

(b)

■ 图4-124　杏林阁近景及其周围亭廊组合景观

(a)

(b)

■ 图4-125　杏林阁赋与标志牌

3.骑楼街市景观

见图4-126~图4-129。

■ 图4-126　骑楼街市俯瞰

■图4-127　骑楼美食一条街

■图4-128　闽台岛码头

■图4-129　通往其他岛的桥梁景观

第三节　背山面水园林建筑景观图解

一、陕西桥山黄帝陵轩辕庙景观图解

　　黄帝陵，是中华民族始祖黄帝轩辕氏的陵墓，相传黄帝得道升天，故此陵墓为衣冠冢。桥山因山形像桥，故以得名。山上古柏参天，山环水抱，景色宜人。黄帝陵就在桥山之巅。黄帝庙前区气势恢宏，面积约10000m²的入口广场的地面选用5000块大型河卵石铺砌，象征

中华民族的五千年文明史。广场北端为轩辕桥,宽8.6m、长66m、高6.15m,全桥共9跨,采用花岗石料砌成,显得粗犷、古朴。轩辕桥下及其左右水面为印池,占地约20万平方米,蓄水量可达46万平方米。桥山古柏,倒映池中,与白云蓝天交相辉映,为黄帝陵平添了无限灵气。印池四周绿树成荫,形成优美的空间环境。轩辕桥北端为龙尾道,共设95级台阶,象征黄帝"九五之尊"至高无上的寓意。由龙尾道向上即登临庙院山门,见图4-130。

■图4-130 背山面水的轩辕庙景观

1.入口广场与印池景观

见图4-131~图4-136。

■图4-131 标志石景观

■图4-132 入口卵石广场

■ 图4-133　轩辕桥俯视景观

（a）

（b）

■ 图4-134　轩辕桥及其华表景观

（a）

（b）

■ 图4-135　印池景观

（a）

（b）

■ 图4-136　印池栈桥

2.轩辕庙景观

见图4-137～图4-144。

■ 图4-137　轩辕桥末端的龙尾道（九五台阶）

■ 图4-138　轩辕庙侧面远景

■ 图4-139　轩辕庙正面远景

■ 图4-140　轩辕庙山门与轩辕大殿

■ 图4-141　祭祀广场

■ 图4-142　阙门景观

■ 图4-143　桥山翠柏

■ 图4-144　山环水抱的风水宝地

二、新疆天山天池祖庙与仙居建筑景观图解

　　新疆天山天池风景名胜区位于新疆维吾尔自治区阜康县境内，是以高山湖泊为中心的自然风景区。天池古称"瑶池"，清乾隆时始以"天镜"、"神池"之意命名为天池，素有"天山明珠"美誉，是传说中的王母娘娘曾沐浴过的地方。天池在天山北坡三工河上游，湖面海拔1900m。湖畔森林茂密，绿草如茵。天山博格达峰海拔5445m，终年积雪，冰川延绵。随着海拔高度不同可分为冰川积雪带、高山亚高山带、山地针叶林带和低山带四个自然带。在天池同时可观赏雪山、森林、碧水、草坪、繁花的景色。附近还有小天池、灯杆山、石峡等景点，幽静清雅，迷人欲醉。

■图4-145　山环水抱的天山天池

1.西王母祖庙景观

　　见图4-146~图4-151。

■图4-146　西王母祖庙侧面远景

■图4-147　西王母祖庙正面中景

■ 图4-148　西王母祖庙正面近景

■ 图4-149　瑶池宫

■ 图4-150　聚仙宫

■ 图4-151　观景台、仙人石

2.仙居景观

见图4-152~图4-157。

■图4-152 人山组合之"仙"景

■图4-153 仙居远景

■图4-154 仙居中景

■图4-155 仙居近景（漂台、凉亭）

■ 图4-156　仙居哈萨克族毡房远景

■ 图4-157　仙居哈萨克族毡房中景

3.园林建筑景观

见图4-158~图4-163。

■ 图4-158　天池观景台

（a）　　　　　　　　　　　　（b）

■ 图4-159　山麓亭

（a）　　　　　　　　　　　　（b）

■ 图4-160　山坳亭、山坡亭

（a）　　　　　　　　　　　　（b）

■ 图4-161　山顶亭

（a）　　　　　　　　　　　　（b）

■ 图4-162　浮桥、观景亭

■图4-163 拱桥、平桥

■图4-164 随形就势的栈桥

三、武汉东湖磨山楚城及其标志建筑景观图解

东湖素有九十九弯之称，湖岸曲折，吞吐奇丽。磨山在东湖南岸，东西北三面环水，六峰逶迤，犹如一座美丽的半岛，既有优美如画的自然风光、众多的奇花异卉，又有丰富的楚文化人文景观。在这里登高峰而望清涟，踏白浪以览群山，能体味到各种山水之精妙。凤是楚国先民的图腾和吉祥物，他们把鹰、鹤、燕、孔雀等许多鸟的美好特征集合起来，创造了理想中的神鸟。由凤标抬头望去，是磨山第二主峰上巍峨的楚天台。楚天台是楚文化游览区的标志性建筑，按古楚国章华台"层台累榭，三休乃至"的形制而建，层阶巨殿，高台耸立，依山傍水，可与江南三大名楼媲美。从凤标登上楚天台要上345级台阶。楚天台内有荆楚文物、工艺品、楚国名人蜡像展，还有编钟乐舞演出。

1.楚城建筑景观

见图4-165~图4-171。

■图4-165 牌坊标志

■ 图4-166　靠山跨水的城门

(a)　　　　　　　　　　(b)

■ 图4-167　城门城楼

(a)　　　　　　　　　　(b)

■ 图4-168　楚市入口景观

(a)　　　　　　　　　　(b)

■ 图4-169　楚市过街楼、戏台

■ 图4-170　楚宅

■ 图4-171　楚辞轩（廊）

■ 图4-172　围墙、路灯

2.楚天台景观

见图4-173～图4-179。

■ 图4-173　串联山水的双凤标

■图4-174 楚天台远景（层层台阶）

■图4-175 楚天台中景（高台耸立）

(a)　　　　　　　　　　　　　　　　(b)

■图4-176 楚天台正面近景

(a)　　　　　　　　　　　　　　　　(b)

■图4-177 楚天台背面近景及其靠山

■图4-178 楚天台借景东湖（左侧）

■图4-179 楚天台借景东湖（右侧）

四、黑龙江牡丹江镜泊湖山庄别墅景观图解

　　镜泊湖位于牡丹江的上游，宁安市南部群山之中。是1万年前火山喷发出的玄武岩浆堵住牡丹江上游古河道而形成的高山堰塞湖，有"北方西湖"之称。湖面海拔350m，最深处超过60m，最浅处则只有1m。在湖的北岩半岛上，有一些小别墅和旅游设施，这就是镜泊山庄。除镜泊山庄以外，整个湖的四周很少有建筑物，只有山峦和葱郁的树林，呈现一派秀丽的大自然风光，而这正是镜泊湖的诱人之处。在镜泊山庄的高处眺望，只见湛蓝的湖水，展向天边，一平如镜。由镜泊山庄出发，乘游艇向南行驶，可依次观赏白石砬子、大小孤山、城墙砬子、珍珠门、道士山。由此出发，向北步行，可观赏吊水楼瀑布。所以，镜泊山庄是镜泊湖的中心，游湖的起点。

1.山庄别墅景观

　　见图4-180~图4-190。

■ 图4-180　半岛别墅

■ 图4-181　跨水别墅

■ 图4-182　明月湾度假村（水边别墅）

（a）　　　　　　　　　　　　　　　　（b）

■ 图4-183　山麓别墅

■ 图4-184 山坳别墅

■ 图4-185 山凹别墅

■ 图4-186 山腰别墅

■ 图4-187 山脊别墅（观景）

■ 图4-188　错落有致的白色别墅群

■ 图4-189　错落有致的红色别墅群

■ 图4-190　错落有致的棕色别墅群

2.药师古刹景观

见图4-191~图4-195。

■ 图4-191　半岛上的药师古刹远景

■ 图4-192　药师古刹侧面景观

■ 图4-193　药师古刹正面景观

■ 图4-194　药师古刹入口与近景

■ 图4-195　观景台

3.辅助景观

见图4-196~图4-199。

■ 图4-196　水边亭、码头双亭

■ 图4-197　山脊点景亭

■ 图4-198　山脊观景亭

■ 图4-199　虹桥横跨双岛

五、河南洛阳龙门香山寺与蒋宋别墅景观图解

香山寺位于香山（龙门东山）山腰，坐北朝南，寺后悬崖峭壁，怪石嶙峋，寺前坡度稍陡，有石阶120级，可达寺门，面临伊河。香山寺的建筑古朴浑厚，掩映于苍松翠柏之中，与世界文化遗产——龙门石窟西山窟区一衣带水，隔河相望，与龙门石窟东山窟区和白园一脉相连，并肩邻立，（见图4-200）。1936年，国民政府在香山寺南侧建了一幢两层小楼，被称为蒋宋别墅。

■图4-200　背山面河的香山寺

1.香山寺景观

见图4-201~图4-207。

■图4-201　串联山水的台阶蹬道

■图4-202　出入口景观

■ 图4-203 鼓楼（一级观景台），层层递进的香山寺

■ 图4-204 二级观景廊

■ 图4-205 借景

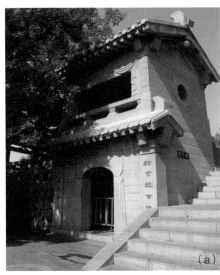

■ 图4-206 石楼

■ 图4-207　九老堂、弥陀宝殿

2.蒋宋别墅及其周围景观

见图4-208～图4-213。

■ 图4-208　别墅远景

■ 图4-209　别墅近景

■ 图4-210　观景休憩平台

■ 图4-211　二层回廊

■ 图4-212　借景香山寺

■ 图4-213　围墙、台阶

第五章
勇者世外桃源景观图解

■ 第一节 特色风情古镇景观图解

一、江苏省吴江市同里古镇水乡景观图解

　　同里系人文荟萃之地，又以园林闻名，有"水乡泽国"之称。同里古镇风景优美，镶嵌于同里、九里、叶泽、南星、庞山五湖之中，镇外四面环山。镇区被川字形的15条小河分隔成7个小岛，而49座古桥又将小岛串为一个整体。建筑依水而立，以"小桥流水人家"著称，是目前江苏省保存最为完整的水乡古镇。同里景点概括为"一园"、"二堂"、"三桥"。一园是退思园，此园在不大的面积里精巧安排，贴水而建，"闹红一舸"犹如驶向草堂的小舟。使得小小的园林给人一种移步换景千变万化的感觉。二堂指的是崇本堂、嘉荫堂。三桥指的是太平桥、吉利桥和长庆桥。同里因水多，故桥也多，镇内共有大小桥梁40多座，大多建于宋以后各时代，著名的有建于南宋宝祐年间的思本桥，建于元至正十三年的富观桥。成品字形架设在河道上的太平、吉利、长庆3座古桥，是昔时同里婚嫁花轿必经之桥，以示吉庆，成为游人流连忘返之地。

1.同里水乡景观

　　见图5-1～图5-8。

(a)　　　　(b)

■ 图5-1　厚重的石块铺地、古色古香的室外家具

■ 图5-2　同里标志石碑、戏台

■ 图5-3　清幽的水乡景观

■ 图5-4　小桥流水人家

■ 图5-5　码头景观

■ 图5-6　画舫屋、花轿桥

■ 图5-7 侍御第水门及码头景观

■ 图5-8 电影院、购物街

2.同里园林景观掠影

见图5-9~图5-13。

■ 图5-9 退思园景观

■ 图5-10 嘉荫堂

■ 图5-11 务本堂、松石悟园景观

■ 图5-12 侍御第景观

■ 图5-13 古风园景观

二、四川崇州市街子古镇景观图解

　　街子古镇位于崇州城西北25km的凤栖山下，与青城后山连接，依山傍水。距今已有一千多年历史，是被誉为"一瓢诗人"的唐代著名诗人唐求的故里。它既得山灵水秀之惠，又有以唐代古刹光严禅院为中心的32座寺庙等古迹，融自然风景与人文景观为一体，既有古镇老街之纯朴，又有尚圆溪流之文化雕塑，尤其是味江河上的瑞龙桥，吸引着四方游人。

1.尚圆文化溪流景观

　　见图5-14～图5-20。

■ 图5-14 入口广场、牌坊门

■ 图5-15 古镇标志，龙飞凤舞

■ 图5-16 小桥流水、溪流淙淙

■ 图5-17 地方风情文化雕塑群体景观

■ 图5-18 地方风情文化雕塑单体景观

(a) (b)

■图5-19 凉亭、平台

(a) (b)

■图5-20 缘溪行、看源头

2.古镇老街景观

见图5-21~图5-27。

(a) (b)

■图5-21 导游牌、牌坊门

(a) (b)

■图5-22 字库塔、戏台

(a) (b)

■图5-23 古街内外景观

■ 图5-24　碾盘瀑布、八角井

■ 图5-25　临渠的商铺

■ 图5-26　渠上廊桥、拱桥

■ 图5-27　唐求故里

3.味江河景观

见图5-28~图5-31。

■ 图5-28　蜿蜒的味江河

■ 图5-29　御龙索桥

■ 图5-30　河上廊桥

■ 图5-31　瑞龙桥

三、新疆布尔津县布尔津镇俄罗斯风情景观图解

　　布尔津县位于新疆维吾尔自治区北部，阿勒泰山脉西南麓，准噶尔盆地北沿，有着得天独厚的地缘优势，西北部与俄罗斯、哈萨克斯坦接壤，东部毗邻蒙古国，国界线长218km。布尔津镇是布尔津县的城关镇，被国家六部委列为新疆26个国家重点镇之一，以独特的俄罗斯风情文化景观，让游人心醉，曾先后获得"全国首批十个文明村镇""国家园林县城""国家卫生县城""中国旅游强县""全国环境综合治理优秀县城""自治区优秀旅游城市"等多项殊荣。

1.金色布尔津

　　见图5-32~图5-34。

（a）　　　　　　　　　　　　　　　　　（b）

■ 图5-32　金色布尔津标志景观

■ 图5-33　金色布尔津大桥

■ 图5-34　金色布尔津河

2.风情主体景观

见图5-35~图5-41。

■ 图5-35 酒店

■ 图5-36 宾馆

■ 图5-37 特产、小吃店

■ 图5-38 夜市、购物

■ 图5-39 风情广场

■ 图5-40　俄罗斯人物风情雕塑景观

■ 图5-41　白山布广场

3.风情景观小品

见图5-42~图5-45。

■ 图5-42　喷泉景观

■ 图5-43　跌泉景观

■ 图5-44　花钵景观

■ 图5-45　雕塑、树阵景观

四、四川汶川水磨古镇（羌城）景观图解

　　水磨古镇位于四川省汶川县南部的岷江支流寿溪河畔，早在商代就享有"长寿之乡"的美誉，水磨镇既是汉族和少数民族的交融区，在灾后重建中又赋予其厚重的南粤新元素、内地风情和藏羌文化交相辉映，西蜀人文和禅佛文化联袂绽放。"5·12"大地震后，水磨古镇重建了"禅寿老街、寿溪湖、羌城"三大区。古今历史文化交汇、川广发展理念结合、藏羌人文风情荟萃，漫步和谐广场，仔细体会文化交融，俨然一幅"高山峡谷、湖光山色、古街林立、风情四溢"的"水墨画"。

1.水磨古镇景观图解

　　见图5-46~图5-50。

■ 图5-46　古街入口牌坊

■ 图5-47 随形就势的古街

■ 图5-48 居委会、大夫第

■ 图5-49 万年台（戏楼）、倚墙亭廊

■ 图5-50 水磨景观

2.和谐广场景观图解

见图5-51~图5-54。

■ 图5-51　和谐广场

■ 图5-52　水磨亭

■ 图5-53　白塔、禅寿老街牌坊

■ 图5-54　羌族、藏族、汉族三种文字的标志景观

3.水磨羌城景观图解

见图5-55~图5-61。

■图5-55　表征景观（水车、春风阁）

■图5-56　羌碉广场

■图5-57　依山就势的羌寨

■图5-58　山墙装饰景观

■图5-59　排水景观

■ 图5-60 羌绣广场

■ 图5-61 羊皮鼓广场、羌笛广场

五、陕西长安五台古镇民俗景观图解

南五台为"终南神参之区"，因有清凉、文殊、舍身、灵应和观音五台而得名，是佛教圣地之一。长安五台古镇是西安市长安区对五台乡留村街道进行综合改造，建成的一个风格古朴、关中民俗气息浓郁的古镇。留村因西汉初年留侯张良在此辟谷而得名，至今村中仍有留侯庙。

1.西弥步行街景观

见图5-62～图5-67。

■ 图5-62 五台古镇入口

■ 图5-63 照壁、水池

■ 图5-64 小溪景观

■ 图5-65 戏曲风情景观

■ 图5-66 民俗景墙

■ 图5-67 临路商铺

2.关中民俗博物院古民居街景观

见图5-68~图5-74。

■ 图5-68　关中民俗博物院入口景观

■ 图5-69　古民居街

■ 图5-70　宅院门面

■ 图5-71　戏台、佛寺

■ 图5-72　照壁景观

■ 图5-73　砖雕书画

■ 图5-74　土地、佛龛

六、黑龙江太阳岛俄罗斯风情小镇景观图解

哈尔滨是沙俄进入东北后才逐渐发展起来的，早期建筑多为欧式风格，素有"东方莫斯科"之称。俄罗斯风情小镇位于太阳岛风景区南部，紧邻松花江，与中央大街和斯大林公园遥相呼应，占地面积10余万平方米。整个小镇由27座彰显20世纪初纯朴的俄罗斯风格的别墅、民宅构成，还建有广场、雕塑、演艺大厅、米尼阿久尔西餐厅等标志性俄式建筑和设施，使小镇的结构更加完整。既具有很高的建筑学价值和深厚的文化内涵和历史意义，又是哈尔滨乃至整个近代中国建筑中一份宝贵的文化遗产。见图5-75。

■图5-75　俄罗斯风情小镇入口景观

1.俄式风情屋景观

见图5-76~图5-79。

■图5-76　俄式风情屋远景

■图5-77　俄式风情屋近景

■图5-78　房前花坛、屋后摇椅

■ 图5-79　凉亭、休息平台

2.广场与面包房景观

见图5-80~图5-83。

■ 图5-80　啤酒广场、套娃广场

■ 图5-81　歌舞演艺广场

■ 图5-82　秋千活动广场

■图5-83　面包房景观

3.花园景观

见图5-84～图5-89。

■图5-84　凉亭

■图5-85　俄罗斯美女雕塑、花房

■图5-86　玫瑰园、动物舍

■ 图5-87 雕塑花坛群

■ 图5-88 溪流景观

■ 图5-89 溪上桥、溪边凉亭

七、陕西咸阳武功古镇农耕景观图解

武功古镇位于咸阳市西北部，一川托起、两塬护卫、三水环绕、四山拥抱、五庙巧布，和武功县与杨凌高新农业示范区构成三角之势，因后稷教民稼穑和四大名亭之首而享誉西北五省，又因苏武牧羊的民族气节而留传千年。

1.姜嫄墓、后稷祠和教稼台

见图5-90~图5-96。

■ 图5-90 姜嫄圣母墓青砖牌坊与飞凤穴（中高如凤头，两旁垂拱似翼）

■ 图5-91 圣母殿前面与背面

■ 图5-92 全国四大名亭之首——望归亭（仰视、俯视）

■ 图5-93 后稷殿（有邰家室）

■ 图5-94 教稼台门楼、后稷雕像

■ 图5-95 四季教稼台正面

(a)

(b)

■ 图5-96 教稼台侧面栏杆与顶层楼梯

2.苏武墓祠

见图5-97~图5-101。

■ 图5-97 苏武墓祠全貌

(a)

(b)

■ 图5-98 牌坊门、汉阙门

■ 图5-99　苏武牧羊雕像、苏武纪念馆

■ 图5-100　苏武墓

■ 图5-101　苏武纪念馆中展板

3.寺庙景观

见图5-102～图5-109。

■ 图5-102　城隍庙牌坊门、连一起的献殿与主殿

■ 图5-103　报本寺塔远景与近景（古镇构图中心）

■ 图5-104　祈求风调雨顺的龙王庙

■ 图5-105　随形就势的禹王庙

■ 图5-106　康家山清凉寺及其大雄宝殿

■ 图5-107　喀山晚照及太宗庙

■ 图5-108　山麓关帝武圣庙，山腰小华山庙

■ 图5-109　塬边太白庙，圆台印台寺

4.环境景观

见图5-110~图5-112。

■图5-110 蜿蜒漆水河林带

■图5-111 川道菜园，塬面林带

■图5-112 古镇规划建设模型图

第二节 特色村落景观图解

一、陕西咸阳市礼泉县袁家村景观图解

袁家村在陕西省礼泉县东北20km处，紧挨着昭陵博物馆，属烟霞镇辖内。历史已成为昨日的烟霞，今日的袁家村被打造成了旅游文化亮点的新农村了。"关中印象体验地"，浓缩了关中人的记忆，成为一个袖珍式"关中风情园"；一条青砖灰瓦的仿古街道，突出关中民间生活形

态和传统特色作坊，如油坊、布坊、醋坊、茶坊、面坊、辣子坊、豆腐坊、醪糟坊、药坊……一字排开。注重关中生活文化，营造关中风情的"体验"氛围：摇一摇那古井的辘轳，推一把磨面的磨盘，拉一下茶炉旁的风箱……一下子就打开"上一代人"尘封的记忆，而"下一代人"则增添了对厚重的关中民俗文化的了解和认同。

1.关中印象体验地

见图5-113~图5-117。

■ 图5-113　入口及导游牌

■ 图5-114　错落有致的古街

■ 图5-115　一条小溪在脚下蜿蜒

■ 图5-116　牌坊门、茶馆

（a）板凳不坐蹲起来　　　　　　　　　（b）锅盔像锅盖

■ 图5-117　关中八大怪

2.农家乐景观

见图5-118~图5-121。

■ 图5-118　农家乐（吃）

■ 图5-119　农家乐（住）

■ 图5-120　果香园

■ 图5-121 田园乐

3.袁家村公共景观

见图5-122~图5-127。

■ 图5-122 村牌楼、村史馆

■ 图5-123 观景亭

■ 图5-124 垂钓池

■ 图5-125　游乐园

■ 图5-126　勇者之路

■ 图5-127　戏台、宝宁寺

二、新疆哈巴河县白哈巴村景观图解

白哈巴村地处我国版图最西北的哈巴河县铁热克提乡境内，距县城117km。位于阿尔泰山山脉的山谷平地上，与哈萨克斯坦国的大山遥遥相望，阿尔泰山上密密麻麻的金黄金黄的松树林一直延伸到白哈巴村里。村民的木屋是朴素的尖顶木头房子，星罗棋布地分布在沟谷底，金黄色的桦树、杨树点缀其间，两条清澈的小河蜿蜒环村流过。秋季一到，山村是红色、黄色、绿色、褐色五彩的，层林尽染，犹如一块调色板勾勒出中华人民共和国的绿色版图，加之映衬着阿勒泰山的皑皑雪峰，一年四季都是一幅完美的油画，成为游人理想的梦中桃源。

1.村庄景观

见图5-128~图5-132。

■ 图5-128　白哈巴村庄景观全貌

■ 图5-129　山庄、客栈

■ 图5-130　邮政所

■ 图5-131　商店、自由市场

■ 图5-132　树林、溪流景观

2.中国、哈萨克斯坦边境景观

见图5-133~图5-135。

■ 图5-133　中哈大峡谷

■ 图5-134　边境哨所、中国版图标志

■ 图5-135　树林景观恰如中国版图

3.图瓦人家景观

见图5-136~图5-139。

■ 图5-136　图瓦传统民居

■图5-137　简洁的院落景观

■图5-138　献哈达、聊天

■图5-139　品尝美食、演奏

三、湖南常德市桃源县秦人村（桃花源）景观图解

桃花源位于常德市桃源县境内，前为沅水，背倚武陵群峰，山环水抱之中的桃花源更让人流连忘返，整个旅游景区内，古树参天，修竹婷婷，长藤缠绕，花草芬芳，石阶曲径，亭台牌坊，特别是每年3月，桃花盛开，粉浪翻江，落英缤纷，宛若仙境。秦人村仿秦时旧制而建，区内主要景点为秦人古道、秦人古洞、豁然台、秦人居、竹廊、公议堂、秦先祠、秦人作坊、秦人街、自乐桥、延至馆、傩坛等。桃花源之著名，不仅得益于东晋诗人陶渊明和他的传世之作《桃花源记》，更因为有千千万万的追"秦人"之梦者。

1.秦人古洞景观

见图5-140~图5-142。

■ 图5-140　桃源胜境、秦人古洞

■ 图5-141　初极狭，仿佛若有光

■ 图5-142　古洞出口，即受欢迎

2.豁然台（井然有序）景观

见图5-143~图5-147。

■ 图5-143　豁然台景观

■ 图5-144　怡然自得（耕田）

■图5-145 悠然清静（捕鱼）

■图5-146 秦人山腰居

■图5-147 秦人水畔居

3.秦人村公共景观

见图5-148~图5-153。

■图5-148 公议堂

■图5-149 戏台、议事厅

■ 图5-150　酒坊、公厕

■ 图5-151　秦人作坊

■ 图5-152　傩坛、延至馆

■ 图5-153　竹廊

4.陶渊明及其菊圃景观

见图5-154~图5-157。

■ 图5-154　陶渊明塑像、桃花源记碑

■ 图5-155　菊圃入口

■ 图5-156　庭院山水景观

■ 图5-157　渊明祠

四、新疆布尔津县禾木村景观图解

在新疆美丽的喀纳斯湖旁，有一个小巧而精致的山村——禾木村，它素有"中国第一村"的美称，位于新疆北部布尔津县境内，与蒙古、俄罗斯、哈萨克斯坦三国接壤。禾木村最出名的就是万山红遍的醉人秋色，炊烟在秋色中冉冉升起，形成一条梦幻般的烟雾带，将森林、河流与村庄有机缠绕为一体，胜似仙境。在禾木村子周围的小山坡上可以俯视禾木村以及禾木河的全景。

1.依山小木屋景观

见图5-158~图5-162。

■ 图5-158　村庄群落景观

■ 图5-159　驿站

■ 图5-160　山庄

■ 图5-161　客栈

■ 图5-162　悠闲的牛羊、飞跑的马队

2.屋旁禾木河景观

见图5-163~图5-167。

■ 图5-163　屋旁蜿蜒的禾木河

（a）　　　　　　　　　（b）

■ 图5-164　清澈的禾木河

（a）　　　　　　　　　（b）

■ 图5-165　河畔人家

（a）　　　　　　　　　（b）

■ 图5-166　禾木桥（标志景观）

（a）　　　　　　　　　（b）

■ 图5-167　禾木桥（环道）

3.河岸白桦林景观
见图5-168~图5-170。

■ 图5-168　河畔的白桦林景观

■ 图5-169　白桦林中小憩

■ 图5-170　林下石阵、小溪

4.穿林沿路登观景台
见图5-171~图5-175。

■ 图5-171　卵石路

■ 图5-172　木构台阶

■ 图5-173　顺势蜿蜒的台阶蹬道

■ 图5-174　骑马、林下松针路

■ 图5-175　观赏台

五、汶川映秀镇中滩堡村震后新居景观图解

映秀镇地处四川汶川县城南部，中滩堡村地处岷江与渔子溪河交汇处。中滩堡村由楷木林、庙子坪、小河边和头道桥4个村民小组组成，是多民族交融地带，国道213线、省道317线穿境而过，是通往卧龙、九寨沟、黄龙风景区的必经之路。地震遗址公园让游人牢记历史，珍惜生命；由广东省东莞市援建的莞城更加珍爱民族情结。

1.地震遗址

见图5-176~图5-180。

■ 图5-176　地震遗址公园

■ 图5-177　抗震救灾精神纪念碑

■ 图5-178　抗震救灾交流中心

■ 图5-179　同心圆广场、抗震结构要求

■ 图5-180 许愿树、爱心路

2.中滩堡村安置房

见图5-181~图5-183。

■ 图5-181 莞香广场

■ 图5-182 小桥流水景观

■ 图5-183 色彩亮丽的羌族民居

3.莞城居景观

见图5-184～图5-189。

■ 图5-184　莞城居住及游览标志

■ 图5-185　乌木村、庙子坪村民小组标志

■ 图5-186　主次分明的街道

■ 图5-187　错落有致的水街

■ 图5-188　村外风光

■ 图5-189　休闲景观

4.渔子溪河景观

见图5-190、图5-191。

■ 图5-190　双亭桥、栈桥及亲水平台

■ 图5-191　滨河广场

■ 第三节　庄园与大院景观图解

一、陕西旬邑县唐家民居景观图解

　　唐家民居位于旬邑县城东北7km处的唐家村，是清代名噪一时的巨贾、三品盐运使唐廷铨的旧宅，属明末清初建筑。现完整保存三院中下等房屋164间，面积1483m²。唐家大院集北方四合院与江南园林建筑艺术为一体，布局严谨，造型大方，气势恢宏。屋顶卧兽飞禽，檐牙高啄，悬挂钢网；院内木雕、砖雕、石刻造型优美，玲珑剔透。文化内涵丰厚，具有很高的鉴赏和研究价值。1988年唐家民居定名为"旬邑县唐家民俗博物馆"，被列为省级重点文物保护单位。

1.唐家民居整体景观

见图5-192~图5-199。

■ 图5-192　三连院落入口景观

■ 图5-193　正屋门厅装饰景观

■ 图5-194　圆窗、匾额

■ 图5-195　防盗钢网院落

■ 图5-196 彩色壁画（岁寒三友、金玉满堂）

■ 图5-197 砖雕着棋图

■ 图5-198 屋内陈设

■ 图5-199　侧房门厅、土地堂

2.唐家民居石刻景观

见图5-200~图5-203。

■ 图5-200　石刻园入口景观

■ 图5-201　山墙砖雕

■ 图5-202 石刻陈列景观

(a) (b)

■ 图5-203 狮子、山羊石刻

3.唐廷铨墓园景观

见图5-204~图5-206。

(a) (b)

■ 图5-204 墓园入口及中轴景观

(a) (b)

■ 图5-205 牌坊、墓碑及墓亭

■ 图5-206 墓室砖雕

二、四川大邑县刘氏庄园景观图解

刘氏庄园位于四川省大邑县安仁镇，为南北相望相距300m的两大建筑群。由刘文彩及其弟兄陆续修建的五座公馆和一处祖居组成，现誉为"西蜀大观园"。这座富丽堂皇、中西合璧的庄园建筑群，占地面积7万余平方米，建筑面积2.1万余平方米。庄园呈不规则多边形，四周由6m高的风火砖墙围绕，7道大门耸立，大门两侧墙壁均有枪眼；内有27个天井，180余间房屋，3个花园。老公馆是刘文彩先后霸占23户农民的屋基和田地，于1932年营建起来的。刘文彩每撵走一户或几户农民就砌一堵墙，开一道门，修一座房屋。庄园内重墙夹巷，厚门铁锁，密室复道，布局零乱，阴森恐怖，整座庄园宛若黑沉沉的迷宫。但它的建筑物十分侈豪，有长方形、方形、梯形、菱形等各种造型，处处楼阁亭台，雕梁画栋；各种格子窗栅，雕花门镂刻飞禽走兽、奇花异草、吉祥博古图案等艺术装饰，多达数百种。庄园内部分为大厅、客厅、接待室、账房、雇工院、收租院、粮仓、秘密金库、水牢和佛堂，望月台、逍遥宫、花园、果园等部分，是研究中国封建地主经济的一处典型场所，也是我国目前保存完整、规格最大的地主庄园，具有较高的历史、艺术、科研、民俗和园林研究价值。

1.中西合璧的大门景观

见图5-207～图5-211。

■ 图5-207 横烟绿映五壁大门

■图5-208　受福宜年　　　　　　　　　　■图5-209　五福呈祥

■图5-210　和气致祥　　　　　　　　　　■图5-211　嘉乐

2.随形就势的院落

见图5-212~图5-218。

■图5-212　不对称斜向门屋

■图5-213　随空间变化的园门

■ 图5-214　三角院落

■ 图5-215　随势而成的院落

■ 图5-216　流线通道　　　　　　　■ 图5-217　花架

■ 图5-218　斜线、折线院墙围合

3.院落景观花坛

见图5-219~图5-224。

■ 图5-219 海棠形藏龙假山花坛

■ 图5-220 矩形置石花坛

■ 图5-221 圆形水池、树池

■ 图5-222 精雕细刻的厅堂花坛

（a）　　　　　　　　　　　　　　　　　（b）

■ 图5-223　多级组合花坛

（a）　　　　　　　　　　　　　　　　　（b）

■ 图5-224　墙基置石花坛

4.花园景观

见图5-225～图5-229。

（a）　　　　　　　　　　　　　　　　　（b）

■ 图5-225　花墙与主入口景观

■ 图5-226　流线砖甬路与圆形花坛景观中心

■ 图5-227　矩形花坛与自然假山树池

■ 图5-228　树坛与置石

■ 图5-229　竹石画、次入口

三、山西灵石县王家大院景观图解

　　王家大院位于山西省灵石县城东12km处的静升镇，是清代民居建筑的集大成者，有"民间故宫"之称。五座古堡的院落布局分别被喻为"龙""凤""龟""麟""虎"五瑞兽造型，总面积达25万平方米以上。现以"中国民居艺术馆""中华王氏博物馆"和"力群美术馆"名义开放的高家崖（凤）、红门堡（龙）、崇宁堡（虎）三大建筑群和王氏宗祠等，共有大小院落231座，房屋2078间，面积8万平方米。高家崖、红门堡东西对峙，架桥相连，皆为黄土高坡上的全封闭城堡式建筑。外观，顺物应势，形神俱立；其内，窑洞瓦房，巧妙连缀。在保持北方传统民居共性的同时，又显现出了卓越的个性风采。总的特点是：依山就势，随形生变，层楼叠院，错落有致，气势宏伟，功能齐备，基本上继承了西周时即已形成的前堂后寝的庭院风格，再加匠心独运的砖雕、木雕、石雕，装饰典雅，内涵丰富，实用而又美观，兼容南北情调，具有很高的文化品位。

1.高家崖景观

见图5-230~图5-235。

■图5-230 高家崖入口门楼

■图5-231 照壁景观

■图5-232 院落入口景观

■ 图5-233 院落景观

■ 图5-234 内部陈设景观

■ 图5-235 砖雕景观

2.红门堡景观

（1）院墙景观

见图5-236～图5-242。

■ 图5-236 入口门楼 　　　　　■ 图5-237 照壁景观

（a）　　　　　　　　　　　　　　　　（b）

■ 图5-238　俯瞰入口广场（花园）

（a）　　　　　　　　　　　　　　　　（b）

■ 图5-239　外部院墙与角楼凉亭

（a）　　　　　　　　　　　　　　　　（b）

■ 图5-240　院墙内部通道与砖雕景观

（a）　　　　　　　　　　　　　　　　（b）

■ 图5-241　院墙景亭

■ 图5-242　俯瞰院落景观

（2）花园景观

见图5-243～图5-248。

■ 图5-243　花园入口、水池假山

■ 图5-244　假山置石

■ 图5-245　绿化美化景观（葫芦花坛）

■ 图5-246　归真扇亭

■ 图5-247　园桌园凳、摇椅景观

■ 图5-248　串联院落花园的园门，相互资借的景窗

四、陕西秦岭北麓现代山庄别墅景观图解

1.楼观古镇

楼观古镇位于周至县楼观台旅游风景区内的田峪河景区，南仰连绵不绝的秦岭山脉，一条蜿蜒曲折的田峪河从旁流过，是一个集养生休闲、康体娱乐、会议、旅游和高尚住宅为一体的复合式旅游地产项目。萃取千年道文化精髓，意化典故"庄周梦蝶"，形成古镇内集中性景观——东西蝶湖，并以蝶湖为中心向南北延伸为人字形水系，其间点缀草庐、假山、亭阁、楹联、牌匾、文化雕塑、翠竹、垂柳……使文化融入生活，让生活充满诗意。住宅项目分为别墅、雅墅和逸墅三种类型，以品字形、半围合式的中式建筑自然散落在人字形水系周围，形成中国传统居住的院落文化，每几户形成一个小的主题院落，每几个小的主题院落又组合成一个大的院落，大院落形成村子，村子加上古朴的水岸商业街、娱乐景观设施最终形成一个错落有致的古镇。见图5-249～图5-252。

■ 图5-249　楼观古镇整体景观

■ 图5-250　假山水池

■ 图5-251　院落溪流

■ 图5-252　远借秦岭组景

2.山水草堂

　　山水草堂地覆千顷，横亘中南，地接禅宗祖庭草堂寺。整体为传统中式建筑风格，采用中国古典园林的众多造园手法，在亭台楼阁间挖池引水，并融合周边的山和水，以及白墙灰瓦的中国传统建筑，使得整个园林和建筑精致而典雅，传统而自然，处处体现出一种中国特有的灵动之美。山水草堂所传承的院落生活方式，带有浓重的人文意境，代表着对中国传统情节的敬意和回归。在中国人心中，"宅""院"不仅是栖身之所，院子围起来的是礼仪、是秩序，内外兼修，其文化内涵让人有一种回归的感觉，更是人与家庭的精神依托。这样一虚一实、一宅一园组合而成的庭院生活，即为山水草堂的精髓之所在。见图5-253～图5-258。

■ 图5-253　入口表征景观

■ 图5-254　院落内部标识景观

■ 图5-255　与山体融为一体的院落景观

■ 图5-256　门楼景观

■ 图5-257　水池、平台

■ 图5-258　山水间的别墅

3.紫薇山庄

紫薇山庄位于秦岭北麓旅游观光南路，紧靠沣峪口。通过小区道路的合理组织，休闲设施的精心安排，提供自然、舒适的居住环境。小区内高低错落的建筑和自然地形地貌与秦岭山脉遥相呼应，自然成为全面提升居住舒适度和生活品位的精品社区。山庄内自然形成常年流动的山泉、小溪，西南角还有一天然湖面及业主超市、医疗中心、水上娱乐中心、室内室外钓鱼台，也成为人们休闲度假的理想之地。见图5-259~图5-263。

■ 图5-259　别墅景观

■ 图5-260　依山山庄

■ 图5-261　水畔山庄

■ 图5-262　观景亭、停车场

■ 图5-263　瀑布景观

五、台湾地区金门岛水头古厝景观图解

　　水头古厝区位于金门岛西南方，是一滨海村落，保留着许多昔日繁华时期所建造的闽南古厝与西式洋楼建筑群。主屋脊两端高高翘起，犹如燕子的尾巴，称为燕尾脊；主屋脊垂直方向的侧屋脊，则圆润流畅，状如马鞍，称为"马鞍脊"。得月楼，取其"近水楼台先得月"而称之，铁铸栅栏、花格窗棂、造型典雅的洋楼，却拥有4面突出的炮口，每个正面都有2个大炮口和6个小炮口，具有较强的防御功能，让洋楼在华丽的外表下更有一股凛然不可欺的高贵气势。

1.金水古厝景观

　　见图5-264~图5-271。

■ 图5-264　金水村古厝（远景）

■ 图5-265 古厝近景

■ 图5-266 燕尾脊古厝

■ 图5-267 马鞍脊古厝

■ 图5-268 李氏家庙

■ 图5-269　村头游园景观

■ 图5-270　孤植大树、运动场

■ 图5-271　金炉亭、农家乐

2.得月楼景观

见图5-272~图5-281。

■ 图5-272　标志景观

■图5-273 古厝中的得月楼（侧面景观）

■图5-274 得月楼正面景观

■图5-275 大门景观

■图5-276 内庭空间

■ 图5-277 内庭墙顶装饰景观

■ 图5-278 内庭门、景墙

■ 图5-279 门联景观

■ 图5-280　窗联景观

■ 图5-281　邻借——风狮爷文物坊

参考文献

[1] 唐鸣镝，黄震宇，潘晓岚编著．中国古代建筑与园林．北京：旅游教育出版社，2003.

[2] 姜义华主编．中华文化读本．上海：上海人民出版社，2004.

[3] 沈瑞云主编．中国传统文化十讲．杭州：浙江大学出版社，2004.

[4] 陈祺，刘粉莲，邓振义．中国园林经典景观特色分析．北京：化学工业出版社，2012.

[5] 陈祺．园林局部细节景观图解．北京：化学工业出版社，2013.

[6] 陈祺．园林主题文化意境图解．北京：化学工业出版社，2014.

[7] 吴宇江编．中国名园导游指南．北京：中国建筑工业出版社，1999.

[8] 罗哲文著．中国古园林．北京：中国建筑工业出版社，1999.

[9] 刘庭风编著．岭南园林 广州园林．上海：同济大学出版社，2003.

[10] 荣立楠编．中国名园观赏．北京：金盾出版社，2003.

[11] 潘宝明，朱安平著．中国旅游文化．北京：中国旅游出版社，2001.

[12] 王毅著．翳然林水：棲心中国园林之境．北京：北京大学出版社，2008.

[13] 徐伦虎编著．人文旅游景观观赏指南：旅游古建筑文化．西安：西安地图出版社，1999.

[14] 刘友如主编．中国旅游胜地新编．上海：上海画报出版社，1999.

[15] 陈其兵，杨玉培主编．西蜀园林．北京：中国林业出版社，2009.

[16] 何发理，冯书战主编．游遍陕西．北京：中国林业出版社，2001.

[17] 李娟文，游长江主编．中国旅游地理．大连：东北财经大学出版社，1999.